THE INTERNET IS NOT
THE ANSWER

Andrew Keen

科技的狂欢

［美］安德鲁·基恩◎著

赵旭◎译

中信出版集团 · 北京

图书在版编目（CIP）数据

科技的狂欢 /（美）安德鲁·基恩著；赵旭译 . --
北京：中信出版社，2018.7
书名原文：The Internet Is Not The Answer
ISBN 978-7-5086-7631-9

I. ①科… II. ①安… ②赵… III. ①互联网络 - 历
史 - 世界 IV. ① TP393.4-091

中国版本图书馆 CIP 数据核字（2017）第 108113 号

科技的狂欢

著　　者：[美] 安德鲁·基恩
译　　者：赵　旭
出版发行：中信出版集团股份有限公司
　　　　　（北京市朝阳区惠新东街甲 4 号富盛大厦 2 座　邮编　100029）
承 印 者：北京楠萍印刷有限公司

开　　本：880mm×1230mm　1/32　　　印　　张：9.75　　　字　　数：152 千字
版　　次：2018 年 7 月第 1 版　　　　　印　　次：2018 年 7 月第 1 次印刷
京权图字：01-2017-3051　　　　　　　　广告经营许可证：京朝工商广字第 8087 号
书　　号：ISBN 978-7-5086-7631-9
定　　价：58.00 元

目录

The Internet Is Not The Answer
>>>>>>>>>>>>

结　语　**答　案**

问　题

　　互联网诞生之始，发明者们便到处宣扬网络的好处，将之奉为圭臬，甚至一切问题的终极答案。他们相信网络能够扬善除恶，建立更为开放平等的世界。这些网络的追随者既包括硅谷的亿万富翁、社交媒体营销商，也有网络理想主义者。在他们看来，网络用户越多，社会和用户自身的获益越大。网络被认为拥有无边法理、自带不竭正能量的正义光环，数十亿使用者能够从中源源不断地获得经济和文化利益。

　　现今，铺天盖地的互联网覆盖了世界的各个角落，前人的溢美之词似乎不攻自破。网络的真实面目，用硅谷时髦的话说，就是"现实扭曲力场"①，那曾经美好的幻象如今看来都不可思议地真实起来——互联网给用户带来的不是利益，而是恶性循环，贻害无穷。网络不是什么终极答案，相反，互联网正是互联的 21

---

　　① 现实扭曲力场（reality distortion field）由苹果公司早期员工巴德·特里布尔（Bud Tribble）编出来形容史蒂夫·乔布斯个人魅力对麦金塔电脑项目程序员的影响。特里布尔说这个词来源于《星际迷航》。——译者注

世纪的核心问题所在。

人们越频繁地使用当今的数字网络，从中获得的经济利益越少。网络无法促进经济平等，反而是贫富差距拉大、中产阶级被蛀空的罪魁祸首。人们难以从网络中获得财富，网络时代分散式的资本主义正在制造贫穷。工作机会没有增加，网络很大程度上造成了结构性的失业危机。网络也没能刺激竞争，谷歌、亚马逊等新型垄断企业正是网络时代的产物。

在文化层面上，网络也让人心寒。网络没有带来公开透明，反而像是一座进行信息采集、监控的圆形监狱，我们这些使用者被脸谱网（Facebook）等大数据网络公司包装成"完全透明"的产品。网络没有制造民主，反被乌合之众利用。网络不鼓励包容，其低劣的品位令许多人不被认可。网络文艺复兴更无从谈起，自拍文化聚集了各种窥私癖和自恋狂。网络也未促进文化多元，开着黑色豪车的白人青年在网络上广受推崇。人们从网络上收获更多的不是幸福，而是五味杂陈。

互联网真的不是答案，至少目前还不是。本书结合众多前人的研究以及我已经出版的两本关于互联网的书籍中的材料，尝试向大家解释互联网不是答案的种种原因。[1]

数字时代的挑战

"人类塑造建筑，其后，建筑塑造人类。"这段话镌刻在旧金山市中心"蓄电池俱乐部"（Battery Club）门前的黑色大理石板上。它像是警示，提醒将要进入大门的参观者们，他们可能会被这座不凡的建筑重塑。

《旧金山纪事报》称赞蓄电池俱乐部是这座城市"重要的前沿实验场"[1]。的确，蓄电池俱乐部项目雄心勃勃。这座建筑曾经是马斯托蒸汽大理石工厂（Musto Steam Marble Mill），从事大理石切割工具生产，而场地的新东家——事业有成的互联网商人迈克尔·波奇、西奥琪·波奇夫妇对工厂进行了改造。此前，夫妇二人曾将著名的社交网站贝博网（Bebo，2005 年建立的社交网站，是 2007 年全英最受欢迎的网站，用户达到 1 000 万人）以 8.5 亿美元转手美国在线公司（AOL）。这次他们投入数千万美元对工厂进行改造[2]，打造这家社交俱乐部，目标是建立大众的俱乐部、21 世纪的平民议院。他们宣称不论阶级地位[3]，会员可以随意穿着牛仔裤和帽衫，鼓励人们不做穿套装的老式古板精英。[4] 这项包容性的实验借用了"硅谷词典"中"非俱乐部"（unclub）[①] 的概念：一个公开平等，打破传统规则，不论社会地位或财富，人人平等的地方。

"我们喜欢那种人人熟悉彼此的乡村俱乐部。"迈克尔·波奇热情洋溢地说。朋友将具有澎湃的乐观精神的他比作华特·迪士尼或威利·旺卡。"一家能代替乡村酒吧的私人俱乐部，一段时间之后大家能在此彼此熟悉，找到情感寄托。"[5]迈克尔说。

"俱乐部提供私密性，但不仅仅是'富人和穷人'[②] 的划分，"西奥琪·波奇补充说，再次强调了她丈夫所谈的平均主义，"我们要真正的多样性，把俱乐部看成我们正在创建的一个社区。"[6]

在波奇夫妇的想象中，蓄电池俱乐部充满无限可能性，不同于往日仅仅服务绅士的传统俱乐部，不是开给丘吉尔那种贵族享受的。可是 1941 年后"被炸后只剩碎片"的英国下议院不正是经由丘吉尔主持重新恢复的吗？"人类塑造建筑，其后，建筑塑造人类"正是丘吉尔的原话。尊敬的温斯顿·伦纳德·斯宾塞·丘吉尔爵士，爱尔兰子爵的儿子，马尔堡公爵七世的孙子——所说的话，成了这个 21 世纪声称要打破阶级地位、创造真正多样性的俱乐部的警句。

---

① 后文还出现了非公司（uncompany）、非机构（unestablishment）等其他词汇，表示不具后面名词的某种特质。——译者注

② 此处化用 2013 年开播的美剧《富人和穷人》（*The Haves and the Have-Nots*）。——译者注

波奇夫妇要是有先见之明，他们就会在俱乐部外刻丘吉尔改编马克·吐温的一句话："真相不出家门，谎言占领世界。"[7] 这正是问题所在。虽然波奇夫妇是未来数字时代的工匠，却没什么先见之明。实际上，虽然没有恶意，但是波奇夫妇创立的蓄电池俱乐部正是排他性最强、最缺乏多样性的地方。

20 世纪的传媒大师马歇尔·麦克卢汉神奇地预言了"媒介即信息"，而在旧金山市的蓄电池街上，建筑即信息。蓄电池是个伪俱乐部、一个弥天大谎，它所传达的正是一个深陷麻烦的信息——网络社会中不断扩张的不平等和不公正。

虽然穿着可以随意，并标榜文化多样性，但是蓄电池俱乐部跟 19 世纪洛杉矶那些伪精英分子的大理石房子没什么两样。这个旧日的马斯托工厂，现在就剩下室内特意留下的砌砖和门口的黑色大理石了。这座 5.8 万平方英尺、5 层楼高的俱乐部，号称有 200 名国内雇员、一个 2.3 万磅重的悬浮钢结构楼梯、玻璃电梯、8 英尺高的水晶吊灯，供应神户牛肉并配有熏豆腐和本占地菇的餐厅，可供 20 人同时使用的流水按摩浴缸，藏身书架背后的秘密棋牌室，拥有 3 000 瓶陈年红酒的酒窖，一个展览动物标本的动物园，一个拥有 14 个套房的奢华酒店，酒店顶上甚至建有玻璃凉亭，可以俯瞰旧金山湾全景。

对旧金山的大多数人来说，他们永远没机会踏足蓄电池俱乐部，这个俱乐部社会实验显然没有什么社会性。波奇夫妇建立的不是"下议院"，而是私人的"上议院"，服务于电子时代贵族的消遣之地，服务于那些两极化的在互联网时代拥有特权的1%阶级。那里绝非什么乡村俱乐部，而是一个现实版的怀旧英剧《唐顿庄园》，充满封建的奢华和特权。

倘若丘吉尔参与了波奇夫妇的社会实验，定会发现自己身处一群关系广泛的世界顶级富豪之中。俱乐部在2013年10月开门营业，创始会员名单读起来就像《名利场》杂志"最具影响力50大人物榜"一样，其中包括图片分享应用Instagram的首席执行官凯文·斯特罗姆、脸谱网前主席肖恩·帕克、互联网企业家特雷弗·特雷纳，特雷纳拥有洛杉矶最贵的房产———套位于"富豪街"价值3 500万美元的公寓。[8]

当然，嘲笑波奇夫妇的伪俱乐部和他们在旧金山市区失败的实验没什么意思。这出"悲剧"甚至丝毫不可笑。"更大的问题是，"正如《纽约客》的阿尼斯·格罗斯所言，"旧金山这座城市正在变成一个私人、排外的俱乐部。"[9]没错，这个俱乐部只对有钱的企业家和风投人开放。正如那个秘密的扑克牌室，蓄电池俱乐部本身就是私人俱乐部中的私人俱乐部，它浓缩了《纽约时报》上蒂莫西·伊根描绘的"海滨地狱"，一个被"1%的人拥有的一维世界"，一个讲述"美国富人如何为祸作恶的寓言"。[10]

在经济不平等问题日渐尖锐的旧金山，波奇夫妇5.8万平方英尺的一维俱乐部暗含讽刺。相对于旧金山贫富差距形成的原因，这座城市中5 000多个无家可归者本身才是更大的问题。蓄电池俱乐部算得上是旧金山的一个大实验，透过俱乐部的窄窗，就可以看到世界其他角落更多更鲁莽的社会经济实验。

这个实验是社交网络的产物。"21 世纪最重大的革命与政治无关，它是一场关于信息技术的革命。"剑桥大学政治学家大卫·朗西曼 [11] 就此解释道。我们站在一片新奇大陆的边缘，这片数据富集的土地被英国作家约翰·兰彻斯特称为"新型人类社会" [12]。"当今社会最重要的现实就是全球化和信息技术革命已经全面升级。"《纽约时报》专栏作家托马斯·弗里德曼补充道。拥有云计算、机器人学、脸谱网、谷歌、领英、iPad、廉价的上网智能机等种种技术，在弗里德曼看来，"世界已经从简单的联结跃升为超级连通"。[13]

朗西曼、兰彻斯特、弗里德曼等人描绘的都是当今重大的经济、文化以及最重要的知识革命。"互联网，"麻省理工学院媒体工作室主管伊藤穰一说，"不是科技，而是信仰体系。" [14] 网络革命将所有人和事都联系在一起，同时从本质上改变了当今世界生活的方方面面。教育、交通、医疗、金融、零售、制造业，被重新定义为无人驾驶车、可穿戴设备、3D 打印、个人健康监测器、MOOC（mass open online courses，大规模开放在线课程，直译为慕课）网络课程、爱彼迎（Airbnb）、优步（Uber）等点对点服务，以及比特币。互联网大佬肖恩·帕克、凯文·斯特罗姆等正代表我们建设着这个互联网社会。他们当然未曾征求我们的许可。这种已获得人们默许的想法，在哥伦比亚大学历史学家马克·里拉称为"自由意志时代"的建设者眼中，显得陌生且道德感缺失。

　　"当今时代自由意志的教条，"里拉说，"颠覆了我们的政治、经济、文化。"[15]这无可厚非。但是这个自由意志时代真正的教条美化了"颠覆"的含义，抛弃了"许可"真正的含义，建立了一种对破坏的异类信仰。亚历克西斯·瓦尼安创立的红迪网（Reddit）自诩为"互联网首页"，其300万用户创立的4 000万页未经审查的内容在2013年累计网页浏览量达到560亿。[16]瓦尼安甚至写下了反对"许可"的宣言，在《不经许可》（*Without Their Permission*）一书中[17]，他宣称，像他一样的企业家为了公共利益使用互联网的破坏性，是在"创建"而不是在"管理"21世纪。依靠用户生成内容（user-generated-content，UGC）的红迪网对于公共利益的价值与众多其他网络暴徒一样有待商榷。例如，2013年，红迪网上最火的一系列帖子，错误判断了波士顿马拉松爆炸的黑手，其对公众的伤害，被《大西洋月刊》称为"误报的灾难"。[18]

　　波奇夫妇在旧金山的"非俱乐部"仅仅是互联网时代众多不成熟企业家常说的多元、透明、平等之地的一个例子，在他们看来，这些地方打破传统，令社会和经济机会民主化。这些人的观点正是马克·里拉所言我们这个自由主义时代的"新型狂妄"，民主、自由市场、个人主义，就像旧日宗教的三位一体。[19]

　　这种扭曲的观点在硅谷很常见。做好事和发大财成了同一件事，谷歌、脸谱网、优步等叛逆的企业都因对旧日规矩体系的破坏而声名在外。就谷歌而言，它仍旧把自己看作一个"非企业"、一家没有传统权力结构的公司。然而截至 2014 年 6 月，这个庞然大物的价值已达 4 000 亿美元，位列世界最有价值公司第二。谷歌活跃于各个领域，其中一些行业有很大的影响力，诸如在线调查、广告、出版、人工智能、新闻、移动操作系统、可穿戴设备、网页浏览器、视频，甚至借由无人驾驶汽车涉足了汽车工业。

数字时代，所有人都希望自己是"非商业"的。亚马逊——全球最大的在线电商、欺负小出版公司恶名在外的霸主，仍旧认为自己是任性的"非企业"。亚马逊旗下的网络公司，鞋店美捷步、推特创始人埃文·威廉姆斯创立的在线杂志 *Medium* 等遵循着硅谷的合弄主义原则（holacratic principle）①。所谓的合弄制，不谈工资和期权的时候，似乎真的像是一个没有阶级的地方。"非协会"网络出版巨头，蒂姆·奥莱利的私密会所"奥莱利之友营地"[Friends of O'Reilly（FOO）Camp] 是一个没有正式管理者，由一群年轻富有的白人男性技术人员共同当家的地方。波奇的俱乐部藏有 3 000 瓶红酒的酒窖，屋顶由旧瓶子建造，面对强大富有的谷歌和亚马逊新贵们的"奥莱利之友营地"是开放的，但他们并不像自己想象的那么具有开创性。数字化可以说是

---

① Holacratic 是 holacracy 的形容词，是一些互联网公司使用的新的企业组织结构。与传统企业管理模式不同的是，它没有从上到下的等级制，而是把管理分配给每个人。——译者注

硅谷的新贵，但其中权力和财富公然的虚伪在历史上早已屡见不鲜。

"未来已经很显而易见了，它的问题只是分配不均。"科幻小说作家威廉·吉布森如是说。那个分配不均的未来就是互联网社会。当今的数字实验中，世界正逐渐变成赢者通吃、阶级分明的社会。互联的未来在互联网触及的方方面面都充满了惊人的财富与权力分配不均。社会学者泽伊内普·图菲克希认为不平等是"人和机构之间最大的权力改变之一，可能也是 21 世纪世界最大的权力变化"[20]。蓄电池，用波奇夫妇自我感觉良好的话说，是宣扬包容、透明、开放之地。但正像"五层快乐宫殿"一样，新世界实际上是排外、不透明且不平等的。硅谷的未来建筑师们打造的是私有的互联经济，除了它强大富有的主人之外，对所有其他人都意味着伤害，而不是公共服务。与蓄电池类似，互联网为更多人创造更平等的机会只是一纸空言，实际上，互联网增加了社会的不平等，减少了就业机会，降低了整体的经济幸福指数。

当然互联网并非罪恶，它对社会和个人都有巨大的利好之处，它让人们无论在哪里都能联系家人、朋友和同事，彼此的关系变得更加紧密。2014 年的皮尤报告①显示，有 90% 的美国人认为互联网对他们个人而言是有利的，76% 的人认为互联网造福了社会。[21] 近乎 30 亿的网络用户的生活因为电子邮件、社

———————

① 由皮尤研究中心提供的影响美国乃至世界的问题、潮流相关的信息资料。

交媒体、电子商务、移动应用程序的使用，发生了天翻地覆的改变。这无可非议。人们依赖且钟爱当下体积越来越小的移动通信工具。世界上影响广泛的政治运动也都受益于网络，例如，美国的"占领"运动（occupy movement），俄罗斯、土耳其、埃及、巴西等国家由网络兴起的改革运动。网络如果利用恰当也是启蒙的上佳之所，例如，浏览维基百科、推特、谷歌，或者阅读《纽约时报》《卫报》等有职业操守的报纸。甚至如果不是依靠奇妙的电子邮件以及网络，我根本无法完成本书。无可辩驳，正如瑞典移动运营商爱立信预测的那样，到 2018 年，新加入移动网络的 25 亿用户的生活将因为网络发生极大的改变。诚然，移动应用经济已经开始为地球上许多最普遍的问题带来新颖的解决方案，例如，绘制肯尼亚洁净水站网络、为印度企业家提供贷款途径等 [22]。

但是正如本书将要解释的那样，网络隐含的负面后果远远大于其显而易见的利好之处，那些相信网络对社会有着积极作用的 76% 的美国人，可能没有看到全局。其中一个例子就是隐私问题——大数据时代产生的最难缠的问题。如果旧金山是"海湾处的反乌托邦"①，那么网络就正在成为互联时代的"反乌托邦"。

"我们喜欢大家彼此都熟识的乡村俱乐部。"迈克尔·波奇说。然而我们的互联网社会——麦克卢汉预言中的地球村，已经让我们回到了文字产生前的口头表达方式，整个社会正在变成一

---

① 反乌托邦：dystopia，理想社会的反面，糟糕的社会。——译者注

个身患幽闭症的乡村俱乐部，一个战战兢兢、毫无隐私可言的集体。国安局、硅谷对我们的事了如指掌。谷歌、脸谱网等互联网公司更是对我们无所不知，它们甚至觉得比我们还了解我们。

波奇夫妇建立蓄电池俱乐部为富人提供隐私的原因不言自明。社会日趋智能，网络无所不有，未来社会中充斥着的智能汽车、智能服装、智能城市和智能情报网络，所有的一切似乎预示着未来社会中，除了蓄电池俱乐部的成员之外，所有人的生活都将在灯火通明之下无处藏身。数据专家茱莉亚·昂格文认为，网络隐私已经成为一种奢侈品。[23]

温斯顿·丘吉尔是对的。我们塑造建筑，建筑也塑造着我们。马歇尔·麦克卢汉也说过类似的与我们的互联网时代更加契合的话。这位加拿大传媒梦想家将1944年丘吉尔的演讲进行了改编，他说："我们塑造工具，工具也塑造着我们。"[24]麦克卢汉死于1980年，9年后，英国物理学家，蒂姆·伯纳斯·李发明了万维网（World Wide Web）。麦克卢汉正确地预言了电子通信工具会像约翰内斯·古登堡的印刷机改变15世纪一样改变我们的时代。这些电子工具，在麦克卢汉看来，将以分散的、提供不间断信息反馈的电子网络，代替工业时代从上到下的线性传播方式。他预言"我们成为我们所见之物"[25]。同时警告我们，这些网络工具彻底重塑了人与人之间的关系，人可能会为工具所奴役。

当下，互联网重新塑造了社会，蓄电池俱乐部门外墙上的话适用于所有人。那块黑色的大理石板上的话冰冷地开启了我们时代巨大的社会经济实验。没人能够超脱于网络巨变带来的破坏，不论你是大学教授、摄影师、公司律师、工厂工人、出租车司机、时尚设计师、酒店工作人员、音乐家、零售商，还是什么其他人。一切都因网络而改变。

这个自由时代的变化速度快得异乎寻常，很多人在享受网络带来的便利的同时都对其为社会带来的暴力影响心存疑虑。"不经过他人的允许，"企业家亚历克西斯·瓦尼安提醒我们，"一屋子聪明的小孩就可以摧毁一个雇用了成千上万人的企业。"我认为他们需要"我们的许可"。在这个新型数字时代，人类面临的挑战是如何在网络工具改变我们之前改变它们。

第一章

互联网简史

网络的起源

一片闪烁如群星的光点由一条条蓝色、粉色、紫色的线交织网罗起来，布满了整面墙壁。虽然看起来有共通之处，这个画面却并非浩渺宇宙中繁星汇集成星系的照片，而是 21 世纪互联网世界的图示。

我是在类似美国电话电报公司、德国电信、西班牙电信公司的互联网服务提供商（ISP）爱立信公司位于斯德哥尔摩的总部看到那幅画面的。在 1876 年成立之初，爱立信只是瑞典工程师拉斯·马格努斯·爱立信创立的一家电报维修厂。2013 年，爱立信已经成为一家拥有 114 340 名员工，覆盖全球 180 个国家，收入超过 350 亿美元的跨国企业。那次我是来与爱立信研发组的管理人帕特里克·塞瓦尔见面的，他们在研究所谓"网络社会"的动态。他的一组研究员刚刚完成公司 2013 年移动研究报告（2013 Mobility Report），一份关于全球移动产业状况的综述。

在等待塞瓦尔的过程中，我看到了爱立信公司墙上的这些连接混乱的节点。

这是标有爱立信在全球的办公室和地方网络的地图，由瑞典图形艺术家乔纳斯·林德威斯特绘制完成。林德威斯特用一条条漩涡似的线条连接城市，象征他所谓的一种永动的感觉。"传播不是线性的，"他对我解释说，"它暗含一致性却又毫无秩序。"任何一个地方，不论多么遥远，似乎都在连接之中。除了象征斯德哥尔摩的点外，这幅地图上没有中心，所有地方都是边缘，没有组织原则，没有等级。位于遥远的巴拿马、几内亚比绍、秘鲁、塞尔维亚、赞比亚、爱沙尼亚、哥伦比亚、哥斯达黎加、巴林岛、保加利亚、加纳等地的小镇在这幅图上都不分时空地相互连接起来。每个地方，似乎都与其他地方相连。世界被重塑为一幅分散的网格图绘。

我与帕特里克·塞瓦尔的那次会面验证了当今移动网络存在的普遍性。每年，他的爱立信团队都会发布一份关于移动网络状态全局的报告。塞瓦尔告诉我，2013 年当年，公司卖出了 17 亿份移动宽带服务，售出的半数移动电话是可以接通互联网的智能手机。爱立信移动研究报告预测，到 2018 年，移动宽带服务将增至 45 亿份，其中 25 亿新用户将来自中东、亚洲和非洲。[1] 超过 60% 的世界人口将在 2018 年前使用网络。高质量的可联网设备 [2] 的价格将会骤降至低于 50 美元。联合国一份惊人的报告显示，60 亿人将拥有手机，这比 45 亿使用抽水马桶的人数量还多。[3] 可以预期，到 21 世纪 20 年代，地球上绝大多数的成年人都会拥有可以连接互联网的移动设备。

这不仅仅涉及每一个人，也包含了每一件事。爱立信的一份白皮报告预测，到 2020 年，将有 500 亿智能机接入互联网。[4]住宅、车辆、道路、办公室、消费产品、衣服、卫生产品、电网，甚至过去由马斯托蒸汽大理石工厂生产的工业切割工具都将联网。使用中的移动电话数量在 2014—2019 年将会增长三四倍。麦肯锡的一份报告证实了这一点，其中提到"物质的世界""将成为一种信息系统"。[5]

网络社会经济也在逐步聚合中。麦肯锡的另一份报告研究了 13 个最发达的工业经济领域，结果发现 8 万亿美元交易是通过电子商务来完成的。如果将互联网视为一个经济门类，这份 2011 年的报告指出，它对世界 2009 年 GDP（国内生产总值）总量的平均贡献值为 3.4%，比教育（3%）、农业（2.2%）和公共事业（2.1%）都高。在瑞典，这个数字还要翻倍，互联网占 2009 年全国 GDP 的 6.3%[6]。

林德威斯特的地图如果重现的是完整的网络社会，看起来可能会像一幅点彩派画作。这幅图将由数十亿个点组成，在肉眼看来可能会像一个集合点。所有事物都相互连接，网络产生的巨大数据量令人难以置信。2014 年每一天中的每一分钟，都有 30 亿网络用户发送 2.04 亿封电子邮件，上传时长 72 小时的视频到视频网络 YouTube，进行 400 万次谷歌搜索，246 万次脸谱网分享，从苹果商店中下载 4.8 万个应用程序，在亚马逊上消费 8.3 万美元，发送 27.7 万条推特消息，在 Instagram 上分享 21.6 万张相片。[7] 我们过去常说"纽约分钟"，现在是"网络分钟"，在马歇尔·麦克卢汉的全球村中，纽约就像一个没什么事情发生、昏昏欲睡的村庄。

世界曾经并不是一个数据信息富集的地方，对于那些成长于互联网工具时代的人来说，可能会有些难以想象。事实的确如此，77 年前的 1941 年 5 月，当德军将英国下院炸成碎片的时候，世界上还毫无网络的踪迹。没有任何数字仪器能供人们相互沟通，更不用说推特和 Instagram 消息这些电子信息环。

我们到底是如何从零开始建立起无处不在的互联网络的？网络的起源究竟在哪里？

利克莱德的预言

一切要从第二次世界大战开始时德军在伦敦 3 万英尺上空，以每小时 250 英里飞行的轰炸机说起。1940 年，《纽约时报》[8] 口中"原始的计算机怪人"诺伯特·维纳（麻省理工学院奇怪的数学教授），开始着手建立一个追踪控制伦敦领空的德国飞机的系统。维纳作为波兰比亚韦斯托克犹太裔移民的儿子，非常着迷于将他的科学知识应用于反德战争。这种迷恋有些病态，他甚至不得不为此去看心理医生[9]。他深信科技是有用的，甚至可以战胜希特勒。

维纳是个天才，他 14 岁就从美国塔夫茨大学毕业，17 岁拿
到了哈佛博士学位，之后又在剑桥师从伯特兰·罗素。在麻省理
工学院，他是那个包括科学家范内瓦·布什、心理学家利克莱德
在内的科技先驱团体的一员。虽然当时他们并未预见，但是他们
创造了很多现在成为我们互联网社会重要原则的东西。他们的不
同之处，尤其是维纳的不同之处在于那种大胆的知识分子折中主
义。通过挑战传统学术纪律，他们得以想象，甚至在某种程度上
创造了现在我们身处的互联社会。

"从 1920 年开始，麻省理工学院迎来了大批全美最棒的科
学家和工程师。2015 年，学院沸腾着各种信息学、计算机、传
播学与管控的想法，"网络历史学家约翰·诺顿解释道，"深入探
寻网络的起源，三个人的名字过目难忘——范内瓦·布什、诺伯
特·维纳和利克莱德。"[10]

20 世纪 30 年代，维纳是范内瓦·布什"微机分析机"团队
的一员。微机分析机重约 100 吨，是一台电磁模拟计算机，由滑
轮、机轴、轮子、齿轮和其他一些特制零件组成，用于解决微分
方程。1941 年，维纳甚至向布什提出了开发数字计算机原型的
想法，这比 1946 年被媒体称为"大型计算机"，由美国军方支持
研发的 1 800 平方英尺、价值 50 万美元的电子数字积分计算机
ENIAC 的问世还要早 5 年。

自从德国空军 1940 年大规模轰炸伦敦后，维纳一直对德国
轰炸机的事念念不忘。其他人也和维纳有类似的想法，美国总统

富兰克林·德拉诺·罗斯福也认为正是德国空军的强大力量让英国对希特勒一直采取绥靖政策。罗斯福不仅令美军每年生产 1 万架飞机，同时成立了国防研究委员会（NDRC），由总统的首席科技顾问范内瓦·布什主持美国政府和全国 6 000 多位科学研究者建立合作关系。

作为当时麻省理工工程学院院长，布什建立了放射实验室，钻研如何用飞机机枪定位摧毁英国上空的德国轰炸机。维纳意识到计算机不仅仅是计算的机器，更是一个信息系统挑战。依靠机枪和操作者之间连续的信息流，维纳研发了飞机路线预测仪。博学的维纳，凭借生物学、哲学、数学等领域的知识意外地踏入了科学连接的新领域。1948 年他出版了著名的《控制论》（*Cybernetics*）[11]，后来无论是马歇尔·麦克卢汉的信息循环理论、利克莱德的人机共生理论、谷歌的搜索引擎，还是人工智能的发展，都依托于布什的理论。当时虽然没有电子传播网络，但是人机间信息自我修正这一想法与维纳的飞行路线预测仪同时诞生，科技作家詹姆斯·哈金[12]称赞它"不断通过环境反馈验错，充满自然的美感"。

当诺伯特·维纳忙于应对信息不足的挑战时，范内瓦·布什开始担心起信息过剩。1945 年 9 月，布什在《亚特兰大月刊》上发表了一篇名为《诚如我思》的文章。文章回答了战后"科学家们接下来应该做什么"的问题。布什号召美国的科学家们，与其制造奇怪的杀伤性武器，不如制造能够增加人们知识的思考机器。《时代》和《生活》杂志当期都对这篇新颖的文章进行了报道，《大西洋月刊》更是将其历史意义与 1837 年爱默生那篇著名的《论美国学者》相比较，认为《诚如我思》是万维网——这个奇妙的网罗一切的信息网的导语。布什说，1945 年美国科学家面临最大的挑战就是制造信息时代的新工具。收音机、书籍、报纸、相机等现代媒介产品制造了人们无法消化的、巨大的信息量，人们面临的数据量大，时间有限，用当代网络学者迈克尔·戈德哈贝尔的话说会造成"注意力经济学"的问题。

"人类经验的总和拓展的范围极广，而我们用来探索的工具仍和航海时代一样。"[13] 布什解释道。

布什的愿景基于联结智慧的网络。"同时进行两件事很重要。"他这样解释所谓的"痕迹"（trials），布什坚信这不会过时。通过微缩、阴极射线管等新技术，科学家将能够把整套《大英百科全书》制作成火柴盒那样，或者将 100 万本书压缩至只占桌子的一角。想象一台能够打出人说的话的机器、一个私人资料室或图书馆，布什将他的这种信息储存器称为"麦克斯储存器"（Memex），"一个放大了的人的记忆补充"，能够模仿人类大脑细胞里错综复杂的回路。在布什的想象中，计算机并不是桌子上的键盘、鼠标、一堆按键，再加一个半透明屏幕这种样子。

《诚如我思》除了预见性之外，还充满了纯粹的科技乐观主义。后来诺伯特·维纳开始公开批判政府在科学和军事上的投资，担心数字计算机可能减少工作机会。[14] 范内瓦·布什却相信政府对于科学的投入是一股完全正面的积极力量。1945 年 7 月，布什还给罗斯福总统写了一篇名为《科学，永远的前线》的文章[15]，他认为公共福利、充分就业、科技对就业的推动作用，都会随政府在科技研究中的投资增加而增加。布什写道："我们的心愿之一就是战争结束之后能够有充足的就业。为此，全美国人的创造力和生产力必须得到充分解放。"

《诚如我思》反映了对于信息时代经济的单纯乐观主义。布什坚信每个人，尤其是训练有素的专业人员（医师、律师、历史学家、化学家），以及他称为"开拓者"的一种类似"博主"的职业，都将获益于他的麦克斯储存器。布什文章的问题之一是虽然预言了未来技术的变革，却没有将未来的经济状况想象得和当时有什么不同。他承认通过微缩技术，《大英百科全书》的成本可能会下降到 5 分钱，但认为人们还是会为内容付费，这将为《大英百科全书》的书商和作家带来收益。

麻省理工学院网络先驱的第三人是利克莱德，他比布什和维纳年轻些，1950 年加入麻省理工学院，受到维纳控制论、剑桥传奇科学家周二中餐馆晚餐会的极大影响。利克莱德在这群特立独行的人中如鱼得水。他擅长心理学、数学、物理学，在取得心理声学博士学位后，利克莱德加入了麻省理工学院林肯实验室的人类工程研究项目，专门从事空防研究。服务于半自动地面防空计算机系统（SAGE）——23 个由空军出资为追踪俄核轰炸机而建的控制雷达基站。这套半自动地面防空计算机系统由 5.5 万只真空导管组成，重达 250 吨，是 7 000 名科研人员编程 6 年的成果结晶，耗资达 610 亿美元，人们能够在这个庞然大物之中行走，是真实可见的机器"网络"。[16]

20 世纪 50 年代中，利克莱德在麻省理工结识了研究员韦斯利·克拉克，自此他便沉浸于对计算机的研究。克拉克是个年轻人，在林肯实验室研究当时"时代艺术品"的代表——TX–2 数字计算机。TX–2 只有 64 000 字节内存（比当下 64G 内存的智能手机，存储量小几百万倍），然而在那个年代，它是最早一批既拥有录像屏幕，又能供交互图像工作的计算机。利克莱德对 TX–2 的沉迷也令他十分迷恋计算的潜能，同马歇尔·麦克卢汉一样，他相信电子传媒"将会拯救人类"[17]。

利克莱德 1960 年在他的论文《人机共生》中描绘了他对未来的想象，时至今日，这篇文章已经成为学界经典。"在不久的将来，人脑和计算机设备将能互为伴侣，建立紧密联系。"他这样写道，"这种关系的建立将超越人脑的想象，处理数据的方式也将远远超越当下计算机对信息的简单处理"[18]。

三位巨匠对计算机的认知逐步深入：范内瓦·布什看到了计算机无限的潜力——不仅是做微积分的计算设备；诺伯特·维纳则坚信计算机具备有效整合信息的功能；利克莱德认识到，这些新型的思维设备最重要的功能是沟通工具。人机分工在利克莱德看来不仅能够节约时间，甚至还能完善民主，提高人类的决策效率和质量。

利克莱德 1958 年离开麻省理工学院后，先是加入了一家位于马萨诸塞剑桥市的咨询集团——BBN（Bolt，Beranek and Newman）。1962 年，他又搬去了华盛顿，负责美国国防部高级研究计划局（Advance Research Projects Agency，ARPA）内的命令与控制以及行为科学方面的研究。ARPA 是艾森豪威尔 1958 年年初在总统任上建立的一家民间机构，为社会集合了最好的科研人员。利克莱德在 ARPA 掌握着 1 000 万美元的政府预算，紧接着成为信息处理技巧办公室的负责人，目标是开发新程序，开发计算机除计算之外的功能。他为 ARPA 争取到了来自麻省理工学院、斯坦福大学、加利福尼亚大学、洛杉矶大学等最顶尖学府的合同。以他为中心，还形成了属于计算机科学家的小圈子，被同僚戏称为“利克圣会”，利克莱德自己则喜欢叫它“星际计算机网络”。[19]

然而这个“星际网络”却面临一个问题。数字计算机——这些被利克莱德称为“信息处理器”的大脑，只能处理自己内部的信息。就连“时代艺术品”TX–2 也无法和其他计算机进行沟通。1962 年的计算机仍没有通用语言。程序员们可以通过分时操作系统在独立的计算机之间共享，从而达到同时在一台机器上工作的效果。但每台计算机的语言都不相同，各自的调试软件协议都是其他计算机无法处理的。

然而利克莱德的星际计算机网络快要成为现实。范内瓦·布什在 1945 年 7 月呼吁的和平从来都没有成真。相反，美国迅速卷入了新战争——冷战，而正是这场苏美之间的巨大地缘政治冲突孕育了人机共生，互联网诞生了。

从斯普尼克号到阿帕网

1957 年 10 月 4 日星期五，就在这天，苏联斯普尼克号卫星成功进入地球的绕日轨道。艾森豪威尔总统将此次苏联卫星的成功发射视为一场关于美国的信心危机，其打击正中靶心。危机不仅仅动摇了美国人对本国军事、科技、政治系统的信念，甚至连其基础价值观都难免受损。"在斯普尼克号之前，这种无伤大雅的小事从未能引起如此大规模的社会恐慌。"丹尼尔·布尔斯廷，在《美国人》中对当时危机引起美国普遍存在的自信心和价值观受挫现象这样描述道。[20]

斯普尼克号除了带来厄运和阴霾之外，也促成了美国科学的复兴，令美国政府的研发预算从 1958 年的 50 亿美元，上升到1959—1964 年每年超过 130 亿美元。[21] 仅是美国国防部高级研究计划局一例，在斯普尼克号的刺激之下，由艾森豪威尔总统为识别和促进科学创新发展投资建成，初期投资 5.2 亿美元，财政预算达到了 20 亿美元。

然而互联网传奇故事并非始于创新，而是恐惧。既然苏联能够将像斯普尼克号这样集合了高尖端技术的卫星发射升空，又如何能阻止苏联向美国投射原子弹呢？艾森豪威尔认为，美国这种军事灾难妄想症，即"大规模毁灭的阴霾"，正像斯坦利·库布里克 1963 年在他的电影《奇爱博士》中讽刺的那样，自斯普尼克号升空之后一直笼罩着美国的公共生活。"当时对苏联控制论和民主毁灭歇斯底里的预言非常普遍，"凯蒂·哈夫纳和马修·莱昂合著的描写网络起源的 *Where Wizards Stay Up Late* 一书中这样写道："悲观者认为斯普尼克是俄罗斯能够发射洲际弹道导弹的佐证，并且苏联对美国来说早晚是个威胁。"[22]

在 20 世纪 50 年代末至 60 年代初期，冷战到达顶峰。1960 年，苏联击落乌拉尔河上空一架美国 U–2 侦察机。1961 年 8 月 17 日，社会主义的民主德国一夜之间建起了冷战的标志之一——立于民主德国、联邦德国之间的柏林墙。1962 年古巴导弹危机，激起了肯尼迪与赫鲁晓夫之间骇人的核边缘政策竞赛。核战争，一度被兰德智库的博弈论者们再次幻想成了后勤威胁。兰德公司位于加利福尼亚圣莫妮卡，1964 年，美国空军出于为向美国核策划者"提供知识力量"[23] 的目的而建立。

20 世纪 50 年代后期，美国建成了几分钟便能发射的微扣扳机核军火库，美国军事系统欠缺一个远距离传播网络的现实变得十分明显。库布里克在《奇爱博士》中嘲讽美国用核武器全副武装了自己，电话设备却出现故障。然而，在军事袭击中，如果通信系统十分脆弱，那么这并非一个笑料。

保尔·贝恩（当时兰德公司年轻的计算机顾问）认为，美国模拟信号长距离电话电信系统将会成为苏联的第一批袭击对象。

约瑟夫·海勒著名的小说《第二十二条军规》也正是与此相关。如果美国受到核攻击，应急命令需要美国总统经由国家通信系统进行传达，但贝恩意识到，这将是一项无法完成的任务，因为通信系统本身也会在几乎同一时间受到苏联的攻击。

问题的实质于贝恩而言是如何保护美国的通信系统在受到苏联的攻击时能够不受伤害，他因此开始着手建立被他称为"更加坚固的网络系统"。实现贝恩的想法确实很有难度。1959年，这个波兰裔的30岁年轻顾问，由于在他位于洛杉矶的校园里找不到停车位，从加利福尼亚大学洛杉矶分校的电子工程博士专业退学了[24]，开始着手建立美国大规模长距离通信系统。

这个看似离奇的故事，结局更是出人意料。贝恩不仅出色地为更加坚固的系统建立了蓝图，而且在过程中意外地发明了互联网。"'互联网之父'这个词已经被人用烂了，甚至带上了一点贬义，"约翰·劳顿说，"不过确实没人比保尔·贝恩更配得上这个称号。"[25]

贝恩并非兰德公司内唯一发现国家长距离通信系统致命之处的人，不过兰德对重建系统的传统处理方法是尝试建立一个从上至下的硬件解决方案。兰德公司1960年的一份报告就曾建议建立一个将耗资24亿美元的带有核辅助功能的电缆系统，但贝恩的想法跟兰德其他研究人员的大相径庭。"很多在我看来可行的事情，在公司的那些老人看来，不是完全扯淡，就是脱离实际。"[26]贝恩说。他的想法是用数字计算机技术建立一个能够抵御苏联核攻击的通信系统。"计算机是关键,"对于贝恩的突破,哈夫纳和莱昂这样写道,"与利克莱德等前辈不同的是,贝恩所见超越了传统的主流计算机学,他看到了数字技术甚至人机互动层面。"[27]

数字技术将各种样式的信息都转化为一串 1 和 0,从而使得计算设备能够极其准确地储存、复制信息。在通信中,数字编程信息比模拟数据更加真实,不会撒谎。被贝恩视为"公共基础设施"[28]的计算机到计算机解决方案,则是要建立颠覆当时现有的模拟信号系统,基于他所谓的"用户对用户而不是中心对中心的操作"。[29]这个网络在面对苏联的攻击时将不易受到伤害,因为它没有心脏。它将不会围绕一个中央通信开关建立起来,而是如贝恩所说的一样,是一个"分散的系统",彼此之间以节点相互连接。贝恩 1964 年在他的论文《论分散通信》中描绘的伟大设计,奠定了爱立信办公室里乔纳森·林德威斯特设计的那张星星点点的地图的基础。它没有心脏,没有层级,没有中心点。

贝恩不易受攻击的网络系统具有革命性的另一点是它在计算机之间传递信息的方法。它并不发送单独的信息,贝恩的新系统将内容打散成数字碎片,令网络中充满了他所谓的"信息砖",这些砖任意地穿梭在计算机与计算机的节点之间,由接收端的计算机重新合成可读的形式。由有政府背景的信息科学家唐纳德·戴维斯命名的"包交换技术"意外地与贝恩的技术非常接近,其中的驱动过程被贝恩称为"热土豆算法路由",它使得信息包能在节点之间快速传送,保证了信息安全,不被间谍窃取。

　　"我们塑造工具，工具也塑造着我们。"麦克卢汉说。并且，在某种层面上，贝恩计算机到计算机通信这一伟大创新的命运跟这一技术本身何其相似，几年之间它一点点地穿透了计算机科学界。到了 20 世纪 60 年代中期，它得以在美国国防部高级研究计划局中重新组装。

　　从不为任何一份工作长期停留的利克莱德在那时已经去世，但他关于"星际计算机网络"的想法仍旧令人回味悠然。鲍勃·泰勒（美国宇航局前计算机科学家）当时正负责美国国防部高级研究计划局的信息处理技术部门。随着越来越多的美国科学家开始依赖计算机进行研究，泰勒意识到对计算机之间能够通信的需求正在不断增加。泰勒从研究者出发的考量在苏联可能进行核攻击这一观点面前显得无足轻重。他只是觉得计算机到计算机的通信能够降低科学家群体研究的成本，提高工作效率。

　　那时，计算机体积庞大，价格昂贵。1966 年，泰勒向时任美国国防部高级研究计划局局长查尔斯·赫兹菲尔德提出将计算机连接起来的想法。

　　　　"为什么不一起试试呢？"他说。

　　　　"难吗？"赫兹菲尔德问道。

　　　　"哦，不难。我们已经知道方法了。"泰勒保证道。

　　　　"好主意，"赫兹菲尔德说，"干起来，你现在有 100 万美元预算。去吧。"[30]

泰勒真的将这个想法变成了现实。他召集了包括保罗·贝恩，以及参与过 20 世纪 50 年代利克莱德 TX–2 连接项目的韦斯利·克拉克的一支团队。依靠贝恩的分散包交换技术，这支队伍制订了在 4 个站点之间建立实验网络的计划，其中包括，加利福尼亚大学洛杉矶分校、斯坦福研究院、犹他大学以及加州大学圣塔芭芭拉分校。它们之间通过接口信息处理机（IMP，即现在人们家中闪着光点的路由器，把各个电子设备接入网络的小盒子）进行连接。1968 年 12 月，利克莱德的老东家——波士顿的一家咨询公司 BBN 得到了建立互联网的订单。1969 年 10 月，被称为阿帕网的网络（服务器设在冰箱大小、重达 900 磅的霍尼韦尔计算机上）已经基本可以投入使用。第一条计算机发送到计算机的信息，是 1969 年 10 月 1 日从加利福尼亚大学洛杉矶分校发送到斯坦福研究院的。斯坦福研究院的计算机在输入了"login"、加利福尼亚大学洛杉矶分校的程序员输入了"log"这一信息之后，计算机崩溃了。计算机之间的"误传"就此开始一发而不可收拾。

阿帕网的诞生并没像 12 年前斯普尼克号的发射那样令人震惊。20 世纪 60 年代末期，美国人的注意力已经转移到越战、革命和黑权主义上。因而，1969 年下半年，除了工业园区几个落伍的程序员外，没什么人关心计算机之间的误传。

鲍勃·泰勒以及他工程团队取得的成就毋庸置疑，远比斯普尼克和太空竞赛有意义得多。阿帕网的成功建立将会给世界带来改变。政府这几百万美元花的正是地方，如果钱来自投资人，他们将获得几十亿美元的回报。

互联网的起点与流行

1994 年 9 月，鲍勃·泰勒的团队在波士顿的一家酒店里庆祝阿帕网成立 25 周年。

加利福尼亚大学洛杉矶分校和斯坦福研究院的两个网络节点已经变成几百万台承载着互联网内容的计算机。媒体对这次周年庆祝非常感兴趣。美联社的一个记者天真地向泰勒和另一位阿帕网原始成员罗伯特·卡恩请教互联网的历史，他想知道其中的关键时刻。

卡恩给这位记者讲述了阿帕网和互联网之间的区别，并暗示互联网真正的起源是"TCP/IP"（传输控制协议 / 因特网互联协议）。

"并非如此。"泰勒反驳道，他坚称"互联网的根基"是阿帕网。[31]

其实泰勒和卡恩在某种意义上都是对的。如果没有阿帕网就不会有互联网。从最开始的四个接口信息处理机开始，到 1972 年的 29 台，1975 年的 57 台，1981 年一度达到 213 台，直到 1985 年被网络主干国家科学基金会网络代替后关闭。然而问题在于，阿帕网的成功，生成了更多的包交换网络，例如，商业远程网（TELENET），法国的基克拉迪（CYCLADES），还有以收音机为基础的分组无线网（PRNET），卫星网络（SATNET），互联网沟通变得复杂起来。所以卡恩是正确的，阿帕网并非互联网，同样正确的还有他关于 TCP/IP 的看法，正是这个协议令利克莱德的"星际计算机"梦想得以实现。

鲍勃·卡恩和温特·瑟夫于 1970 年在加利福尼亚大学洛杉矶分校相识，他们当时都就职于阿帕网项目。1974 年，他们发表了《针对分组网络交互通信的协议》，其中提到了 TCP/IP，TCP 是确保流发送的服务，IP 则组织发送。

正如保罗·贝恩设计的更加坚固的网络一样，卡恩和瑟夫设计的网络也采用了分层结构。"我们希望中间部分越少越好。"卡恩和瑟夫在描述这个平等对待所有网络流量的新型全球标准开放模式时这样说道。[32] 这些协议在 1983 年 1 月被加入阿帕网，在互联网历史学家哈夫纳和莱昂看来，"若干年内都是互联网发展的重大事件"[33]。TCP/IP 在这些网络之间架起了网络，使人们在 ARPANET、SATNET、PRNET、TELENET、CYCLADES 等不同网络之间的通信成为可能。

卡恩和瑟夫建立的全球电子通信规则促进了互联网的飞速发展。1985 年已有 2 000 多台计算机能够联网。1987 年，联网计算机数量已经接近 3 万台。1989 年 10 月，这一数字上升到了 15.9 万台[34]。很多计算机都连入了当地网络和一些早期的商业拨号服务，其中包括 CompuServe、天才电信（Prodigy）、美国在线

（America Online）等。拉里·唐斯和梅振家在他们的畅销书中将电子邮件视为第一个杀手级应用，这一数字技术对传统商业 [35] 产生了巨大影响。1982 年，阿帕网的第一季度报告显示电子邮件是个"毫无争议的成功产品" [36]，它产生的网络流量令所有其他应用都黯然失色。30 年后，电子邮件仍然非常重要。2012 年，全世界范围内 30 亿电子邮箱账户发送了大约 2 940 亿封邮件，大约 78% 都是垃圾邮件。[37]

另一个互联网特色是电子公告牌系统（BBS），一个有着相似兴趣的用户可以彼此交流，分享信息与观点的地方。其中一个知名的 BBS 就是全球电子连接（WELL），由全球概览的创始人斯图尔特·布兰德建立。在 WELL 上有很多早期用户的反文化乌托邦言论，他们认为保罗·贝恩创造的没有中心点的分层结构技术，代表了传统政府权力和权威的终结。最让人难忘的是约翰·佩里·巴洛（WELL 的早期用户，"感恩而死"乐队的作词人），1996 年，他写了自由主义者宣言《独立网络空间声明》。

"工业王国的政府，你们这些无聊的血肉钢铁巨人，我来自网络空间，理智的新寓，"巴洛在达沃斯（瑞士位于阿尔卑斯山的小镇，这个全世界最富有、最有权力的人们每年都一聚的地方）放言道："我请求你们这些旧时代的东西别再来烦我们。我们不欢迎你们。在我们相聚的地方，你们没有统治权。"[38]

然而早期网络得以流行的真正原因远比这来得无聊。一切都源自计算机硬件领域的深入革命。第一台计算机 ENIAC 占地

1 800 平方英尺，1947 年贝尔实验室发明了晶体管后，计算机的体积迅速缩小，功能也更为强大。科技作家大卫·卡普兰将晶体管的发明称作"未来的下层构造"[39]，他认为和这项突破性进展相比，"20 世纪再没有什么更加重要的科学成就了"。

1967—1995 年，计算机的硬盘储存量每年平均增长 35%。英特尔公司的年度销售额从 1968 年的 3 000 美元，6 年间增长到了 1.35 亿美元。公司不断成功研发出更快速的微处理器，证明了英特尔联合创始人戈登·摩尔的"摩尔定律"——芯片速度每年或每 8 个月会翻一倍——是有预见性的。20 世纪 80 年代初，个人计算机厂商 IBM（国际商业机器）公司和苹果公司已经可以制造人们能够买得起的配有调制解调器的台式机，令网络的普及成为可能。20 世纪 80 年代末，互联网已经连接了 800 个网络、15 万个注册地址和数百万台计算机。不过世界的连接工程远未结束。范内尔·布什的"麦克斯存储器"还没出现。互联网上还没出现智能链接网络，网络还不能同时处理两个任务。

万维网的诞生

1960 年，天才泰德·尼尔森想出了"非顺序性写作"，命名为"超文本"。[40] 在重复范内尔·布什"信息轨迹"的概念之外，尼尔森将希望从杠杆、微缩胶卷等模拟设备转向了数字技术。正如布什坚信他的麦克斯上的链接"不会消失"，[41] 尼尔森也认为自己是"与遗忘作战的斗士",[42] 终其一生行走在追寻超链接的路上。尼尔森视超链接为世外桃源,在他看来,超链接正是可以对抗健忘的方法。这个世外桃源系统中没有"删除的概念",一切都会被记录下来。

1980 年,尼尔森发明超文本 20 年后,另一位天才蒂姆·伯纳斯·李以顾问的身份加入了位于日内瓦的欧洲粒子物理实验室。伯纳斯·李 1976 年毕业于牛津大学皇后学院,也和尼尔森一样担心自己的记性。在他的自传《编织万维网》一书中,伯纳斯·李提到他难以记住"实验室中人员、计算机、项目之间的联系"[43]。带着对探究记忆的好奇,伯纳斯·李建立了他的第一个网络程序——Enquire。与此同时,他产生了"展望未来"的"感悟":

> 设想不论何处,所有计算机里的信息都是相互连接的。设想我能够编一个计算机程序创造一个让所有事物相互连接的空间。欧洲粒子物理实验室,甚至世界任何一地的所有计算机中的每一份信息,对我们每个人都是开放的,那么世界就会形成一个完整的信息空间。[44]

1984 年,伯纳斯·李在回到欧洲粒子物理实验室、发明了互联网的同时,也开始思考自己对一个完整信息空间的展望。此时,他发现了布什、尼尔森的研究,并将戴维斯、贝恩、卡恩和瑟夫等人视为进步的技术巨头,对他们的成就也熟悉起来。

"我正好赶对了时机，又对此感兴趣，加之超文本和互联网都已成型，"伯纳斯·李谦虚地说，"我所做的就是让它们结合。"[45]

这一结合的硕果就是万维网，由于这一信息管理系统的完整性，很多人都以为万维网就是互联网。牛顿曾说："我之所以看得更远，是因为我站在巨人的肩膀上。"伯纳斯·李不仅仅在互联网之父的研究成果之上建立了万维网，这一新成果更是被萨塞克斯大学经济学家玛丽安娜·马祖卡托形容为一代"基础技术"。[46]

伯纳斯·李的程序包括了互联网时就有的包交换技术、TCP/IP，还有最重要的——完全分散的结构和平等对待所有数据的承诺。万维网的结构包括了三个元素：一个他称为 HTML（超文本标记语言）的标记超文本文件的计算机语言，一个他称为 HTTP（超文本传输协议）的用于超文本文件之间传输的分类法，还有 URL（统一资源定位器）[47]——一个特殊地址代码，能够调出所有万维网上的超文本文件。通过标记文件，并使用超文本将它们相互连接起来，伯纳斯·李从根本上简化了互联网的使用。他的最大成就就是将互联网带出校园、走向全世界。

伯纳斯·李于 1989 年 3 月最先提出了万维网的设想，1990 年他再次修改了最初的设计，并发明了第一个万维网浏览器。1991 年 1 月，万维网向世界公开，11 月，世界上第一个网站，关于欧洲粒子物理实验室信息资源的网站 Info.cern.ch 上线。在过去二十九年中，万维网成为互联网上比电子邮件更为重要的杀手级应用。万维网的诞生在约翰·诺顿看来令互联网"发射升空"。[48] 如果不是伯纳斯·李简单却出色的发明,谷歌、亚马逊、脸谱网以及其他千千万万我们每天常用的网站、网络公司都不会诞生。如果没有万维网,我们便不会生活在这个互联社会。

蒂姆·伯纳斯·李最早的万维网设计是 1989 年 3 月在欧洲粒子物理实验室中完成的。8 个月后,日内瓦东北方几百公里处,柏林墙倒塌,第二次世界大战终于结束。墙倒的那一刻,人们都认为 1989 年会成为一座分水岭,标志着冷战的结束以及自由市场的自由主义的胜利。斯坦福大学的政治学家弗朗西斯·福山认为资本主义和社会主义之间关于如何更好地组织工业社会的重大辩论终于结束,他把柏林墙的倒塌看作"历史的终结"。

然而事实并非如此。1989 年实际上仅仅标志着一个新的历史时期的到来——互联的计算机时代。互联网创造了新价值、新财富、新争论、新贵族、新的稀缺资源、新生的市场,最为重要的是它创造了一种新型经济。范内瓦·布什、诺伯特·维纳、利克莱德、保罗·贝恩、罗伯特·卡恩、蒂姆·伯纳斯·李这些技术人员都有着善意的出发点,但是他们的发明成果给世界带来的最重要的影响便是从根本上重塑了世界经济生活。的确,互联网可以如一位历史学家所说的那样成为"人类历史上最伟大的合作企业"[49]。但是分层技术并不意味着经济的平均分配,技术上的合作特质也不能直接反映到经济中。实际上,万维网的产生创造了一种新生的资本主义,而绝非什么合作的机遇。

第二章

金钱的走向

1% 经济：大多数的钱流向少部分人

旧金山蓄电池街的联邦俱乐部和蓄电池俱乐部只隔了几条街区，但一直以来，联邦俱乐部生意惨淡，演讲活动入场券卖得并不好。2014 年 2 月，俱乐部举办了一场颇具话题性的演讲，演讲人是 82 岁的亿万富翁，题目是《1% 的战争》。演讲现场火爆，当地甚至不得不出动三名警察才能保证不发生冲突和踩踏。[1]

汤姆·珀金斯，身为凯鹏华盈（Kleiner Perkins Caufield & Byers，KPCB）的联合创始人，被他的传记作家[2]称为"硅谷之父"。他曾愤怒地致信《华尔街日报》抱怨洛杉矶"进步的水晶之夜①"。他在信中为硅谷的技术新贵辩护，称那些投资人、企业家、程序员、KPCB 支持的当地公司（谷歌、推特、脸谱网等）是"成功的 1%"。[3]这封信成了《华尔街日报》截至那时

---

① 水晶之夜：指 1938 年 11 月 9 日至 10 日凌晨，希特勒青年团、盖世太保和党卫军袭击德国与奥地利犹太人的事件。"水晶之夜"事件标志着纳粹对犹太人有组织屠杀的开始。——译者注

为止收到最多评论的来信，引发了人们对新数字经济本质激烈的辩论。

"从'占领华尔街运动'到地方报纸《旧金山纪事报》对富裕阶层字里行间的妖魔化，我感受到了人们对于'成功的1%'的仇恨。这是非常危险的思想。1930年，'水晶之夜'还是不可想象的，这种新生的激进主义难道不过分吗？"珀金斯提到了旧金山湾区人们有一股日益增长的对谷歌、脸谱网等主流网络公司的憎恨。

汤姆·珀金斯2014年在联邦俱乐部演讲的消息传遍了世界。他先是对之前在信中使用了"水晶之夜"的比喻道歉，但同时仍旧认为自己写给《华尔街日报》的信中的主要观点是对的，"'成功的1%'没有造成不平等，相反，正是他们创造了工作岗位"[4]。

众多观众都反对他的看法，他们认为谷歌、脸谱网、推特这些当地互联网公司不但没有创造就业，反而造成了旧金山湾区房价飙升、贫困滋生、失业普遍等困境。"我们从没见过这么微妙的事，"旧金山文化历史学家加里·神谷解释道，"以前那些技术宅被认为是做小玩意挣钱的一群人，现在摇身一变，他们成了上帝和主人。"[5]

1972年建立了KPCB的珀金斯曾在惠普公司做执行官，2007年他在自传《山谷男孩》（*Valley Boy*）里，也曾表达了对"成功的1%"的一些看法。书中讲述了网景公司、亚马逊、谷歌的成功融资，他的风投公司曾在其中取得重大胜利，投资创造了 3 000 亿美元的市值，年收入 1 000 亿美元，以及 25 万个工作岗位。[6] 他将这些视为双赢，坚称新型数字经济是一种企业合作模式，将会为社会带来更多的工作机会、收入和财富，以及普遍的繁荣。

KPCB 成功投资网景、亚马逊、谷歌对珀金斯个人而言是巨大的成功。投资收益让珀金斯打造了私人游艇"马耳他之鹰"，建造了一块用 B-1 轰炸机[7]碳纤维材料制成的足球场和一艘搭载着潜水艇探索南极的"不医生"号远洋舰。他有一块"比劳力士贵 6 倍"[8]的理查德·米勒手表，还拥有旧金山世纪塔 16 层约 5 500 平方英尺的海景套房，以及马林县俯瞰金门大桥价值几百万美元的公寓。

然而，KPCB 的成功对于社会的回报并没有珀金斯想象的那样多。蒂姆·伯纳斯·李发明万维网 25 年后，互联网对社会到底有着怎样的影响日益明显。互联网先锋所开拓的经济结构恰恰与他们技术的开放结构相反，仍是自上而下的，财富的集中并没有分散的趋势。经济秩序本身似乎和旧日并无本质区别。工作机会和社会繁荣并没有随之而来，互联网被亚马逊、谷歌等寡头垄断，信息经济的大部分领域都是垄断的。

为什么会这样呢？这个无核心、无阶级的互联网如何造就了这种自上而下、胜者为王、被少数寡头垄断的经济存在？

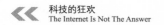

货币化：技术与资本的结合

在亚马逊创始人和首席执行官（CEO）杰夫·贝佐斯的传记《一网打尽》中，作家布拉德·斯通回忆起一段他和贝佐斯谈论这本传记的对话。"你准备怎么对付叙述的漏洞呢？"这位互联网企业家倾身向前、双目闪闪地盯着斯通。[9]

斯通瞬间不知如何回答。

"叙述的漏洞，"贝佐斯解释说，"这是作家的习惯，把复杂的事实，说得好像很简单。"贝佐斯很喜欢《黑天鹅》这本书，他是纳西姆·尼古拉斯·塔勒布的书迷。在他看来，世界就像爱立信在斯德哥尔摩前台墙上的地图，随性混乱，难以用几句话总结（除非是混乱的总结）。亚马逊的历史复杂曲折，很难梳理成简单易懂的故事，所以贝佐斯对斯通进行了提醒。亚马逊从 1995 年 7 月 16 日在网络上线，作为自家商城的载体，贝佐斯显然也会认同，网络本身就是复杂费解的。

贝佐斯，这位世界最大书店的 CEO 和创始人，对简单易懂的故事实在有些太过苛求。"叙述的漏洞"本身就是漏洞。有些看似复杂的故事原本就很简单，甚至用一句话或一个词就能概括。

互联网的历史看似复杂混乱，实际上不过是两个简单的故事。首先，从第二次世界大战到冷战结束，互联网的历史就是范内瓦·布什、保罗·贝恩、蒂姆·伯纳斯·李以及国家发展和改革委员会、国防部高级研究计划局、兰德公司、国家科学基金会网络这些公共基金事业的历史。第一个故事讲述互联网如何在国家安全和公民目标的需求下诞生。这个故事讲述了公共资金是如何用于建立全球电子网络的，例如，国防部高级研究计划局投资上百万美元支持鲍勃·泰勒将计算机连接起来。这个故事同时也包括了那些善意的网络探索者不屑于从他们的网络产品中获取经济利益的部分，伯纳斯·李，万维网的创造者甚至宣称，对网页浏览器收费是"对学术社区和网络社区的背叛"[10]。的确，直到1991年，互联网商务都是一种矛盾修辞，因为法律意义上美国政府始终是网络的所有者，所有公司在使用国家科学基金会网络（万维网的主干）时都被要求签署"可接受使用政策"，其中明确限制使用目的为"研究和教育"。[11]

"世界高科技产业都没有什么第二春。"硅谷传奇企业家，硅谷图形、网景通信、永健公司（Healtheon）的创始人吉姆·克拉克这样说道。但他的话并不尽然，高科技带来了很多金钱上的第二春，他的公司、史蒂夫·乔布斯的公司，以及其他互联网从业者在赚钱上都非常成功。

互联网这轮春天始于 20 世纪 90 年代初，美国政府关闭了国家科学基金会网络，并将互联网主干的运营交给了商业互联网服务商。约翰·德尔，汤姆·珀金斯在凯鹏华盈最初的合伙人，对此这样总结过："这是人类历史上最大的合法财富。"在这一阶段，作为成功投资网景、亚马逊、谷歌、推特的凯鹏华盈的最初创始人之一，德尔身价达到 30 亿美元，年收入约 1 亿美元，成为世界上最有钱的几个人之一。[12]

这个故事更简单地说，就是"钱"。互联网，借用硅谷一个通俗的词，已经"货币化"了。这里有个有趣的历史巧合。正如冷战结束后，俄罗斯寡头购买了很多国有资产，冷战末尾互联网的私有化也使得很多科技寡头争相购买初期的网络资产。

"2014 年的硅谷就好比 20 世纪 80 年代的华尔街，"据《年轻资本》（*Young Money*）的作者凯文·鲁斯的观察，"那里就是典型为努力工作而生的地方。"[13]

网络的第二个故事迅速超越了第一个故事，就像高速列车超越蒸汽火车一样，而能从蒸汽火车迅速升级成高速列车的例子少得可怜。马克·安德森是一个成功的例子。的确，安德森正是网络商业化的负责人。

20 世纪 90 年代初，安德森在伊利诺伊大学就读计算机科学课程，对万维网逐渐熟悉起来，同时他还在国家计算机安全协会做时薪 6.85 美元的兼职。国家计算机安全协会是由国家科学基金出资，从属于伊利诺伊大学的一个研究中心。他发现伯纳斯·李的网络浏览器最大的问题就是对于不会编程的人来说很难操作。因此，安德森于 1993 年和其他一些年轻的国家计算机安全协会程序员一起，开发了以图形为基础的网络浏览器 Mosaic，其界面可以轻松显示彩色图片。用安德森的话说就是"Mosaic 迅速受到追捧"[14]，年网络流量增长了 342 000%。1993 年年初，Mosaic

还未上市前，只有 1% 的互联网用户使用万维网，网站的数量更是仅有 50 个。一年后，Mosaic 成功孵化出 1 万多个网站，25% 的互联网用户都在使用万维网。

然而国家计算机安全协会并没有因此给予安德森任何奖励，安德森对此很迷惘。1994 年，他辞去工作，只身前往硅谷。几个月后，他收到一封陌生人的电子邮件，从此踏上了高速列车。

马克：

你可能不认识我。我是硅谷图形的创始人、前主席。不知道你有没有看最近的新闻，我离开硅谷图形了，准备开家新的公司。想和你见面聊聊，看你是不是能跟我一起干。

吉姆·克拉克

克拉克在自传中写道，虽然这么比较有些不谦虚，但是他认为这封电子邮件和亚历山大·格雷厄姆·贝尔第一次通过世界上的第一台电话对他的助手说"沃尔森过来，我需要你"有着类似的重要性。[15] 当然，这封电子邮件并没有这样的力量，但它确实对互联网经济的未来有着重大影响。克拉克认识到马克·安德森纯熟的技术和万维网势不可当的增长趋势将会带给他能与约翰·德尔或者汤姆·珀金斯一较高下的巨额财富。

"让公社去死吧。"克拉克在他的自传中讲述了他将如何改变蒂姆·伯纳斯·李开发万维网的初衷，"网络就是生意。"[16]

克拉克和安德森于 1994 年 4 月创办了网景公司，20 世纪末最有代表性的商业企业。初始资金是克拉克自己投资的 300 万美元，他们在硅谷以安德森在国家计算机安全协会的团队为原型，组建了新的团队，开发更高级的浏览器，从最初的 Mozilla 浏览器到后来的 Navigator。1994 年秋天，克拉克得到了约翰·德尔 500 万美元的投资，这不仅仅是凯鹏华盈首次投资互联网公司，在此之前还没有任何风投对网络公司进行过这样大额的投资。1994 年 12 月，Navigator 1.0 上市，仅仅三个月时间就免费发放了 300 万份。到 1995 年 5 月，网景用户数量已经达到 500 万，其浏览器市场份额达到了 60%。网景和后来的网络公司不同，它是真正盈利的，依靠向公司授权协议，网景第一年营业额就达到了 700 万美元。《时代周刊》1995 年夏天第一次将网景公司作为封面故事，不无讽刺地写道，网景的"增长速度比辛普森的律师费涨得还快"[17]。1995 年 8 月，这家才成立 18 个月的创业公司上市了，因为克拉克害怕当时还是计算机软件公司的微软涉足浏览器业务之后会对网景造成威胁。微软当时由于业务能力强大，被同行们戏称为"哥斯拉"①。

Mozilla 确实避开了哥斯拉。网景的 IPO（首次公开募股）非常成功，不论在华尔街，还是在硅谷，这都是个传奇，被称为"网景时刻"。IPO 支付了珀金斯 7.65 亿美元，这是他之前全部投资基金的两倍多。[18] 克拉克的 300 万美元变成了 6.33 亿美元，这

---

① 原为电影《哥斯拉》中的怪兽，后泛指怪兽。——译者注

个不断自我膨胀的企业家将这个数字刻在了他专机的机尾。[19] 年仅 24 岁的马克·安德森，两年前还是时薪 6.85 美元的国家计算机安全协会程序员，从这次 IPO 中获得了 5 800 万美元，成为网络时代第一个年轻大亨。[20]

"网景的故事是不可复制的，"大卫·卡普兰写道，"它奠定了现代硅谷的基础。"[21] 网景的成功带动了网络的第一次商业扩张。互联网用户数量从 1995 年的 1 600 万增至 2000 年的 3.61亿。数字的激增验证了麦特卡夫定律，麦特卡夫是以太网的发明者，他的同名定律认定每一位新加入网络的成员，都会成倍地扩大网络的力量。网络大潮随之而来，沸腾的 6 年间，诞生了亚马逊、雅虎、易趣、还有更多难以计数的失败创业公司，其中甚至包括我自己的一家由英特尔公司和 SAP 公司支持的在线音乐网站——"声音咖啡馆"。这次大潮造就了马克·安德森。他不穿鞋的照片在 1996 年 2 月上了《时代周刊》的封面，他被塑造成了互联网革命的英雄。

与此同时，这也意味着"网景时刻"的消亡。蒂姆·伯纳斯·李免费分享技术的决定受到了质疑，吉姆·克拉克（这个不喜欢风投，认为风投是还不如土狼和秃鹫一样的人）[22] 说："所有的创业者都会在仰望这个人的灵魂的同时怀疑他的头脑是否健全。"[23] 20 世纪 90 年代早期的互联网，从蒂姆·伯纳斯·李的研究者时代到吉姆·克拉克的商业时代可以简单地做此总结。随着西部"华尔街"的发展，互联网失去了共同的目标、众人的尊重甚至自己的灵魂，金钱代替了一切。凯鹏华盈等风投的资金代替了政府，成为亚马逊、谷歌、脸谱网等公司研究创新的主要经济来源。

如果杰夫·贝佐斯看了我写的这些内容，大概会指责我在叙述中的漏洞，把复杂的互联网现实讲成了一个关于道德的故事。然而贝佐斯和亚马逊正是我的论据。他曾是华尔街分析师，来到西部后通过投资网络，积聚了 300 亿美元的个人资产。他的亚马逊大获成功，2013 年收入已经达到 744.5 亿美元。亚马逊的确便捷、便宜、可靠，不过也直接反映了互联网货币化的问题。

以亚马逊为首的赢者通吃

自"网景时刻"之后，一切似乎皆有可能。美国风投金额从 1995 年的 100 亿美元增至 2000 年的 1 058 亿美元。[24] 零盈利的网络公司也争相上市。大量的资金涌入各色所谓的"创新"企业，从卖宠物食品到厕纸，什么内容都有。一位颇有影响力的未来主义者，麻省理工学院的科技教授尼古拉斯·尼葛洛庞帝，1995 年出版了一本畅销书《数字化生存》，他将数字时代称为"自然力量"。"四个强大的特点会确保它最终成功。"尼葛洛庞帝深信不疑地保证道。数字时代将是"无中心的、全球化的、和谐的、分权的"[25]。

在网景 1995 年 IPO 的刺激之下，出现了一本常被网络经济借鉴的书——凯文·凯利的《新经济，新规则》[26]。凯利的经济宣言，是他作为《连线》杂志创始人和执行总编时写的一系列文章。这些文字恰恰成为创业企业家们在网络爆炸时代的神奇指导手册。凯利本人亲切善良，创办了反主流文化的 WELL 论坛，同时也是基督教技术神秘主义者，后来甚至还写了一本关于技术可以自己思考[27]的书。他当时的经济宣言，在原本就激情澎湃的网络时代掀起了新的高潮，现在读起来就像是改编拙劣的数字乌托邦主义。凯利错在借鉴了尼葛洛庞帝高谈阔论的连篇废话，误认为网络技术的开源会直接带来"全球经济文化"的"所有权分散和公平"。[28]凯利的话听起来更像是出自数字巫师而非经济学家，新经济在他的笔下变得根本不是经济了，传统的供应关系原理、过剩和稀缺性都不再适用。取而代之的是书中的一些新的规则："迎接群体"，"机会而非效率"，"过剩而非稀缺"。他的书既有麦克卢汉的影子，又有些完全是疯话。网络经济在他的笔下成了将会达到"财富无处不在"的群体主义利器。

然而并不是每个人都接受群体主义，能够写这样的官样文章。1995 年，两位美国经济学家出版了一本略显压抑但更富于精细思考，关于新世界、旧秩序的书。在《赢者通吃》（*The Winner-Take-All Society*）一书中，[29]罗伯特·弗兰克和菲利浦·库克称 20 世纪末全球资本主义最重要的特征是社会顶端群体和其他阶层之间日益扩大的鸿沟。弗兰克和库克发现，在这个赢者通吃的社会里，不仅没有出现凯利所说的"财富无处不在"，甚至根本没有太多的机会。他们认同珀金斯所说的新贵阶层的强大力量和影响，但是并不认为这种滴入式的 1% 经济有什么值得庆贺。弗兰克和库克的观点得到了保罗·克鲁格曼、约瑟夫·斯蒂格利茨、罗伯特·莱许、托马斯·皮克迪等众多经济学家的验证。

弗兰克和库克认为正是新知识经济造成了新式的不平等："或许通信和电子计算机两个技术领域的发展正是赢者通吃社会特点的根本动力来源。"[30] 规模对于互联网这样的全球市场而言非常重要，但是他们认为，互联网越是扩张，存活的线上公司就会越少，人们会受到自然的"精神货架空间限制"，在信息过剩的经济环境下，"当一群人同时试图推销时，每种商品能够卖出的可能性都在变小"。[31]

《互联网经济》(Dot. Con) 的作者约翰·卡西迪说，赢者通吃模式在前互联网时代就已经存在。"消费者倾向于购买一两种占领市场的产品，微软的 Windows 操作系统就是这样获得了巨大的收益。"1995 年的"网景时刻"触发了狂热的互联网经济，风投资本家认为赢者通吃模式会令网络的不同领域都出现一个主导企业。随着股市的疯狂，在这种思维主导下，资本投入在 1995—2000 年激增。迷恋迅速赚大钱的想法解释了很多不真实的网络交易泡沫。两个最大的失败泡沫案例——"美国在线 2000 年 1 月斥资 1 640 亿美元收购时代华纳公司，以及众多风投向网络生鲜电商 Webvan 投资 12 亿美元"，后者更是被科技资讯网 (CNET) 评为"人类历史上最大的互联网泡沫"[32]。路易斯·博德斯 1997 年建立了 Webvan，1999 年 11 月 Webvan 上市。1999 年上半年公司就已经损失 3 500 万美元，销售额只有 39.5 万美元，11 月的 IPO，Webvan 却融到了 80 亿美元。[33] 之后不到一年半的时间，2001 年 7 月 10 日，Webvan 申请破产保护，公司关门。

除了 Webvan 的这次灾难外，赢者通吃模式在电子商务方面也有类似的影响。网络女王——摩根士丹利分析师玛丽·米克（现任凯鹏华盈合伙人）意识到抢占先机对线上市场意义重大。也是赢者通吃的思维模式，令杰夫·贝佐斯在 1996 年同意约翰·德尔用 800 万美元的投资换取亚马逊 13％的股权，这家当时才成立一年的电商公司，市价估值达到了 6 000 万美元。[34]

"珀金斯的钱像激素一样刺激了杰夫，让他充满了斗志。"一位亚马逊早期雇员这样评论 1996 年凯鹏华盈的那笔投资。[35] "迅速赚大钱"成了贝佐斯的口号。他也是这样做的，到 2014 年 6 月，亚马逊市值已经达到 1 500 亿美元，这个线上商店目前已经占领了网络零售业，消灭或兼并了大部分对手，书籍、婴儿用品、护肤品、鞋、软件、体育用品无所不卖。

玛丽·米克关于抢占先机的预言成为现实，赢者通吃的经济造就了一小批最强大的跨国公司。凯文·凯利那番互联网"所有权分散和公平"的设想明显落空了。事实上，经济变得更为集中化。用纽约联合广场投资（Union Square Ventures）联合创始人，一个在网络早期成功投资的聪明人，弗雷德·威尔逊的话说，经济是被诸如"谷歌、推特、YouTube、SoundCloud 和优步"这些

"我们身边的垄断网络"控制了。[36]威尔逊解释道："虽然它有着民主的力量，但是网络现今的形式，不过是新人换旧人，这些新统治者的能量假以时日将会比旧日的统治者更大。"[37]

新经济中的规则还是旧工业时代的规则，只是来得更为猛烈。亚马逊的规模越大，产品价格越便宜，服务越可靠，对竞争对手而言，它越无懈可击。"亚马逊已经日益成为出版业的寡头，"威尔逊继续解释道，他的话中不无警示，"从逗人开心的玩具到垄断寡头不过短短十几年的时间。"[38]

规模对于线上经济变得前所未有的重要，电商的利润非常有限。"机会不是效率"成为凯文·凯利为新经济定的新规则。然而亚马逊在电子市场上从不放过战略机遇，它的经济力量源自公司的效率。2013年亚马逊的年销售额达到了750亿美元，而利润只有2.74亿美元。[39]2002年，亚马逊迅速增长的财力使它能够与联合包裹角力，拿到了巨大的价格优惠，使之在与同行的竞争中获得巨大优势。布拉德·斯通评价道，这给亚马逊"上了重要的一课，让它知道了规模的力量，生意场上的现实就是优胜劣汰"。[40]亚马逊这家吝啬的公司于2001年开发了自家特制的后端履行软件，在斯通看来，这个软件给了亚马逊"极大的优势"，让亚马逊能够告诉顾客包裹何时到达，并成功开启了有利可图的订阅式亚马逊金牌服务——两日送达服务。[41]

赢者通吃经济不过是垄断经济的一个委婉说法，亚马逊对电子商务日益收紧的控制正是此类。信奉新自由主义的汤姆·珀金斯一定会说,亚马逊带来了就业,丰富了我们的文化,每个人的生活都变得更好了。然而他错了,事实正相反。亚马逊虽然便捷、可靠、意义重大,然而对于宏观经济却有着负面影响。

亚马逊的故事都浓缩在过去 20 年它对出版业的影响上。不可否认,亚马逊为图书出版商特别是小型图书出版商带来了利益。贝佐斯创造了全球书店,在一个地方供应非常全面的书籍,服务了那些跟我相似喜欢买稀有版本和二手图书的读者。亚马逊让小出版商能够享有一个相对公平的平台,让更多的人能看到他们出版的书籍。亚马逊 2007 年对 Kindle 电子阅读器的投资更是引领了出版业平滑过渡到电子出版。然而问题在于,在亚马逊不断成长的同时,它对于大小出版商的影响在不断积聚。不幸的是,弗雷德·威尔逊所说的"出版业寡头"最终不仅对出版商而言是坏事,读者、作者的利益在亚马逊不断倾轧出版商利益的过程中也受到了损害。

图书业对亚马逊的态度从最开始的充满热情慢慢变得失望。"一个虐待狂酒鬼父亲,头脑狡猾的销售员,一只掠夺成性的狮子,纳粹德国"等,据《福布斯》记者杰夫·贝尔科维奇说,这是现在一些出版商和零售商用来形容亚马逊的词汇。[42] 不难看出为什么一些文学界人士也开始旧事重提。在美国,亚马逊占有 65% 的数字购买市场、35% 的图书销售市场。[43] 在 20 世纪 90 年代中期,亚马逊上市前,美国有大约 4 000 家书店,现在只有一半还开着,也就意味着它使几千个零售岗位消失了。[44] 在英国也是一样，2014 年，书店数量已经不到 1 000 家，相比 2005 年减少了 1/3。[45] 对出版业，亚马逊也没带来什么太好的影响，2004 年，亚马逊图书部门开启了"小羚羊项目"，意图消灭所有不同意亚马逊定价和支付要求的小出版商。关于这个项目名称的由来，布拉德·斯通解释说，来自贝佐斯对一名雇员"亚马逊要像猎豹追小羚羊一样靠近小出版商"的指示。[46]

贝佐斯无情、高效的商业手段，被布拉德·斯通礼貌地形容为"从供应链中去除不必要的支出"。[47] 现在几乎各种零售业岗位——服装、电子、玩具、园艺、珠宝，都受到了威胁。美国地方自力更生研究所（ILSR）2013 年的报告显示，每 1 000 万美元的销售，传统零售业需要雇用 47 人来完成，亚马逊只需要雇用 14 人。根据这份报告，亚马逊并没有创造就业岗位，而是消灭了就业机会。2012 年，美国就有 2.7 万份工作因为亚马逊而消失。[48]

更让人寒心的是亚马逊对没有加入工会的工人的冷血对待，特别是在仓库安装监视器，监视工人每分钟的活动。西蒙·黑德是纽约大学公共知识学院的高级研究员，在他看来，这种监视已经让亚马逊和沃尔玛一样，成为"美国异常冷血的公司"。黑德说这种对工作场所的监视就跟 20 世纪的泰勒主义没什么区别。泰勒主义是弗雷德里克·温斯洛·泰勒发明的科学管理系统，阿道司·赫胥黎在《美丽新世界》一书中将它戏称为"福特主义"。[49]

然而即便没有这些监视手段，在亚马逊执行部门工作也是非常不愉快的。例如，在宾夕法尼亚州，没有工会组织的工人在室温很高的仓库工作，救护车长期停在门口等待送因为高温而晕倒的工人去急救室。[50] 在肯塔基州送货中心，亚马逊超级有效率的工作文化对大批工人造成了永久伤害——这被一位前经理称为"巨大的问题"。[51] 在亚马逊的第二大市场德国，2013 年 1 300 名工人组织了一系列要求涨薪和改善工作环境的罢工，同时抗议公司分配中心门口驻扎的保安公司。[52] 2013 年，英国广播公司卧底报道了亚马逊库房残酷的工作环境，一位压力专家称这种工作条件容易导致工人患上"精神和身体疾病"。[53]

我不认为自由主义风投资本家会关心那另外的 1% 人群，比如帕姆·威瑟林顿。这个中年女人过去在亚马逊肯塔基州送货中心工作，由于在仓库的水泥地上长时间行走，现在双脚都患上了应力性骨折，然而当她失去工作能力时，没有从贝佐斯的公司得到任何赔偿。[54] 这样的例子还有詹妮弗·欧文，一个已经在亚马逊肯塔基州送货中心工作了 10 年的老员工，在车祸病假后回到公司，却发现自己已被开除。[55] 亚马逊对于没有工会保护的工人来说不啻于一场噩梦，而对于汤姆·珀金斯这样的投资人来说却是一场财富的美梦，珀金斯最初的 600 万美元投资到 2014 年已经变成了 200 亿美元。

然而什么都卖的亚马逊到 2014 年 6 月为止没有销售任何来自阿歇特出版集团的书籍，布拉德·斯通的《万货商店》（*Everything Store*）正是由这家出版集团出版的。原因是亚马逊陷入了和阿歇特出版集团关于电子书定价的合同争端。2014 年 6 月，《纽约时报》的一篇评论文章就亚马逊不再销售阿歇特出版集团书籍一事写道："事实很清楚，亚马逊在利用它的市场能量，试图通过倾轧出版社、惹恼读者、减少图书销量来为自家公司争取最大的利益。"[56]

"亚马逊权力游戏。"《纽约时报》这样总结道。这个总结非常精准，不仅涵盖了网络经济赢者通吃的本质，也点明亚马逊在其中的角色。不要再提什么尼古拉斯·尼葛洛庞帝所谓的数字时代"无中心的、全球化的、和谐的、分权的""自然力量"。杰夫·贝佐斯当然会否认、反驳，管这叫作叙述的漏洞。数字时代真正的自然力量是赢者通吃经济，它正不断造就着越来越多像亚马逊一样的寡头公司，以及贝佐斯这样的亿万财阀。

谷歌破译互联网赢利密码

除了尼古拉斯·尼葛洛庞帝、凯文·凯利这些形而上的早期理论预言家，互联网商业在所谓的 Web 1.0 时代并没有什么真正的创新。亚马逊、网景、雅虎和易趣都没什么新意。没人会用"亚马逊经济""网景经济""易趣经济"这种词来赞美它们的经济模式，也没人会说这些公司破译了互联网盈利的密码。

虽然在经济和文化意义上，亚马逊确实有其重要性，但它始终是一个低盈利的企业，一个不断打价格战、开拓市场、扩大规模的数字版沃尔玛而已。美国博主马修·伊格莱西亚斯戏称贝佐斯是"无利的先知"，并暗示如果"贝佐斯不停开拓新领域"，亚马逊的"发展步伐肯定不会太快"。[57]网景公司，虽然在互联网历史上有着承前启后的作用，它的商业模式却没有什么新颖之处，不过是卖网页的软件订阅和网站广告。易趣，虽然其规模从 1995 年的 4.1 万用户、720 万美元年交易额增长到 2000 年[58]的2 200 万用户、54 亿美元年交易额，但它的本质不过是一个集合了传统买卖双方的电子交易平台。亚马逊、网景、易趣等这些从网站上每笔交易中获益的公司并没有彻底摆脱旧日经济的影子。

Web 1.0 时代的这些高点击率网站，很多都是由传统媒介公司掌控的，被它们视为可以向市场销售内容的电子商务平台。其他的网站，例如，雅虎是"另一种层次化的非官方预言"（ YAHOO 可以被看作是 Yet Another Hierarchical Officious Oracle 的缩写)。1994 年，杨致远和大卫·费罗创建雅虎，开始的名字是"致远和大卫的万维网指南"，旨在为用户寻找有趣的新网站，提供特别的指南服务。但即便是在雅虎点击量的高峰——每日 1 亿次的 1998 年[59]，它的商业模式也不过就是饱受赞美的电子杂志，依靠广告销售和提供电子邮件服务器盈利。

真正的改变始于谷歌。这家革命性的互联网搜索引擎不但成功破译了互联网盈利密码，同时被冠以"谷歌经济"[60]的美名，用以形容随之而来的互联网经济再创新。从 1996 年拉里·佩奇和谢尔盖·布林启动他们的学术项目开始——创建谷歌，这两个天赋异禀的斯坦福大学计算机科学博士生富有冒险精神的创意挑战了范内瓦·布什、利克莱德等互联网先驱的智慧。和布什一样，佩奇和布林也十分关注信息过载的问题。数字世界呈爆炸式发展，链接到互联网的计算机数量从 1994 年的 380 万台增长到了 1997 年的 1 960 万台[61]，网站数量也从 1995 年的 18 957 家增至 1998 年的 335 万家，超过 6 000 万页内容。网站数量、内容、超链接的巨大增幅，是佩奇和布林项目的核心，也是谷歌名字的来源。谢尔盖·布林最开始把天文数字（googol）一词无意中拼错了，数学上这个词等于 1.0×10^{100}。

　　如果万维网上数亿的超链接、2 600 万页信息都能分类搜索会怎样呢？佩奇和布林对此非常好奇。如果"谷歌"能整理组织这些数字信息会发生什么呢？

　　虽然多家已经筹得资金的创业企业都在进行这方面的研究，比如莱科斯、远景公司、Excite、雅虎都在激烈竞争，希望能先人一步建立万维网搜索引擎，然而布林和佩奇获胜了。他们原创了惊人的新算法，用以决定万维网搜索的相关性和可靠性。当范内瓦·布什的麦克斯储存器成功通过系统错综复杂的轨迹时，佩奇和布林看到了万维网超链接的逻辑。他们小心探索，将所有页面和链接都编入索引中，将万维网变成布林所说的"重大问题"。这个巨大数学项目的最终结果是一个算法，他们称之为"网页级别"，通过网页的数量和连入的链接质量判断网页的相关性。"链接页面的状态越突出，这个链接也就越重要，在计算最终网页级别的时候的排位就会更高。"史蒂芬·列维在他揭秘谷歌历史的书 *In the Plex* 里讲解道。[62]

谷歌算法的逻辑依存于游弋在万维网中自我规范的超链接系统，其中秉承了诺伯特·维纳研发飞行路径预测装置时的精髓——信息流在枪和操作者之前不断流动。佩奇和布林的发明实现了利克莱德的人机共生。作为反映电子网络分散本质的信息地图，它跟雅虎这样的集中网络门户不同——它的确是"另一种层次化的非官方预言"。

"网页级别的概念就是你可以通过与一个网页相关的网页来估计这个网页的重要性，"布林解释道，"我们把整个网络变成了有几百个变量的复杂问题，全部网页的网页级别就是变量，那些链接就是数十亿的计算条件。"[63]

"它是循环的，"针对搜索引擎的原理，布林这样解释道，"那是一个巨大的圆。"[64] 循环的好处就是随着互联网的扩张、网页数量的增加，搜索引擎的效率也随之提高。它是无限伸缩的。算法涉及的链接越多，它就收集了越多的数据，也就越能精准地找出与问题相关的网页。

"谷歌搜索确实像是魔法。"列维这样评价斯坦福学术圈对谷歌搜索引擎的反应。[65] 截至 1998 年，谷歌每天要处理 1 万次搜索，占领了斯坦福互联网一半的网络承载力。虽然开始只是博士论文项目的课题，这项技术却成为一个有效的循环，需要获得更多属于它自身的动力。下一步是什么？ 1997 年的布林和佩奇开始自

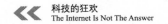

问。说不定这是真的。[66]

佩奇的父亲和布林的父亲都是科学家，他俩也都一直想要成为学术人才，成就一番改变世界的事业。如果不是那个时代，佩奇和布林可能会像范内瓦·布什、利克莱德那样投身于公共事业，任职于不盈利的大学或者政府机构，做世界的图书管理员，整理组织所有的信息。然而20世纪90年代的斯坦福并非40年代的麻省理工。时代让他们选择了使用谷歌创业，成为亿万富翁，而不是成为世界的电子图书管理员。

在获得包括杰夫·贝佐斯在内的一干人的100万美元的投资后，佩奇和布林在1998年9月成立了谷歌公司，组织了一个工程团队开始将他们的学术项目转化成可行的商业产品。不过很快他们就又需要更多的钱保证工程师和硬件的花销，不可避免地向凯鹏华盈的约翰·德尔求助。

"你们觉得能做多大？"1999年德尔问佩奇和布林。

"100亿美元。"拉里·佩奇迅速回答道。虽然那时他们的"生意"还完全没有盈利，甚至连盈利手段都还没完善。"我说的不是市场价值，是收入。"

德尔当时被佩奇的冒失[67]吓得"差点从椅子上掉下来"，史蒂夫·列维写道。不过他还是注资谷歌，和红杉资本的迈克尔·莫里茨一起投了2 500万美元的A轮。这次投资两年后，谷歌任命埃里克·施密特为首席执行官，也俨然成为日搜索7 000万次的主要搜索引擎，公司却还是没有找到生财之道。

解决的方法，对于谷歌而言似乎显而易见（至少就回顾而言）却又并不顺畅。布林和佩奇一直对谷歌主页简洁明快的风格、快速的加载速度非常自豪，同时非常反感雅虎的网络广告模式——计算每千次印象费用（cost per thousand impressions）的横幅和间隙广告。谷歌最后的解决方式是在 2000 年推出了谷歌关键字广告，在搜索结果页右边栏形成与关键词关联、可自行点击的广告。广告就这样植入了谷歌搜索，这家由天才创办的技术公司做起了电子广告销售生意。

谷歌回避了每千次印象费用，引入了关键字广告拍卖模式。一些美国经济学家对此极为肯定，认为这是"极大的成功"，"巨大快速的增长工业中主要的交易机制"。[68] 关键字广告没有固定的价格，它采取一种被史蒂芬·列维称为实时"特别拍卖"的模式让广告客户竞拍，这令在线广告更加高效，利润更加丰厚。[69]

除了"关键字广告"之外，谷歌还推出了"广告联盟"。广告联盟是一种不挂靠于谷歌搜索引擎、提供购买及评测网站广告的工具。谷歌广告网络已经和谷歌搜索一样无处不在。"关键字广告"和"广告联盟"，即列维所说的"赚钱机器"，支撑着很多新一代的互联网项目，例如，收购 YouTube，创建安卓移动操作系统、Gmail、Google+、Blogger、谷歌浏览器、谷歌无人驾驶汽车、谷歌眼镜、Waze，以及最近兴起的人工智能公司 DeepMind、波士顿动力（Boston Dynamics）、雀巢实验室（Nest Labs）等。[70]

谷歌不仅仅破译了互联网盈利的密码，它已经完全站到了信息经济的顶端。2001年，谷歌的年收入只有8 600万美元，2002年增长到3.47亿美元，2003年达到近10亿美元，2004年接近20亿美元。当时，这家成立不过6年的公司，公开募股16.7亿美元，市值达到230亿美元。2014年谷歌已经一跃成为紧随苹果公司之后的世界第二大公司，市值超过4 000亿美元。布林和佩奇成为世界上最富有的两个年轻人，每人大约拥有300亿美元的财富。与亚马逊不同，谷歌的盈利很高，500亿美元的收入中，纯利润达到了140亿美元。2013年，谷歌粉碎了华尔街的预言，600亿美元的收入中经营利润占了150亿美元。[71]拉里·佩奇在1999年回答约翰·德尔的公司规模数字已经远远低于它目前的水平。谷歌还在扩张。

到2014年为止，谷歌已经和亚马逊一样成为赢者通吃类型的垄断企业。每秒钟谷歌要处理4万条搜索，也就是每天35亿次，每年1.2万亿次。谷歌这个庞然大物控制了世界上65%的搜索，在有些地区形成了完全的统治地位，比如在意大利和西班牙的市场比例超过了90%。[72]谷歌的市场统治地位反映了互联网社会的新兴权力法则。现实并非像凯文·凯利、尼古拉斯·尼葛洛庞帝想象的那样"是去中心化的"结构，也没出现什么"千端经济"。通过模仿网络分散的特点，谷歌已经成为信息寡头。所以思想家米泽斯·纳依姆描述的数字时代的"权力终结"[73]是不可能出现的。权力不会终结，它只是采取了不同的形式，从以前的从上至下变成了循环的环形。

谷歌的能量随着人们的使用，每一分钟都在不断增长。作为人机智能共生，随着人的不断使用，引擎本身也越来越好用。所以每当我们进行一次搜索，都可以说是在为谷歌完善产品。从谷歌的角度讲，每次有人进行搜索，都是它进一步了解人的过程。与范内瓦·布什的麦克斯储存器类似，谷歌的轨迹不会"消失"，谷歌也不会遗忘。

所有的数字轨迹都会融入"谷歌分析"这样的产品，向谷歌及其商业用户提供所谓的我们的数据废气（data exhaust）。用大数据作者维克托·迈尔－舍恩伯格以及肯尼思·库克耶的话说，谷歌已经成为数据废气生意中无可争议的老大。"谷歌在多项服务中都应用了循环从数据中获取信息的原理，"他们解释说，"用户的每一次操作都会被作为数据进行分析并反馈给系统。"[74]

我们塑造谷歌的工具，这些工具在塑造着我们。

网络是个数据工厂

谷歌改变了一切。最先意识到这一点的是戴尔·多尔蒂，1993 年建立全球网络导航（GNN）网站的互联网先锋。网络泡沫破灭不久之后，在与媒体巨头蒂姆·奥莱利的一次对话中，多尔蒂提出了互联网 2.0（Web 2.0）的概念，用以形容谷歌掀起的新型网络经济。这个词很快被广泛接受，人们用它描述 2000 年春天纳斯达克崩盘之后互联网的再次崛起。

《什么是互联网 2.0》是蒂姆·奥莱利一篇颇有新意的文章[75]，文中他将谷歌比作"互联网 2.0 时代的标杆"，将网景作为互联网 1.0 的代表。在奥莱利看来，吉姆·克拉克的创业是"旧软件典范"。网景从浏览器经济的盛行中借力，"赋予网景类似微软在个人计算机市场的能量"，接着通过发放软件许可赚钱。网景将自己塑造成雄心勃勃的微软的做法，与过去汽车工业刚刚开始打开市场时，将产品塑造成"没马的马车"那一幕何其相似，同样是为了给顾客带来熟悉感。奥莱利接着写道，谷歌的做法就不甚相同，作为互联网 2.0 的代表企业，它并没有采用"没马的马车"这种策略。

所以谷歌到底是什么呢？"就像打电话，不仅仅是关于电话的两头，更是关于中间的连接部分。谷歌就是存在于浏览器、搜索引擎、目标内容服务器之间，用户和上网经历之间的使能器和中间人。"奥莱利对蓬勃向上的谷歌公司这样评价道。他认为作为隐形但又无处不在的使能器和中间人，谷歌代表了一个新的类型。这是第一个真正的互联网产品，因为它的价值真的存在于网络之上。

在 21 世纪开始的前 15 年，互联网被像谷歌一样的使能产品和中间服务占据了。在这一阶段，互联网 2.0 时代的网站已经取代了之前由上至下的互联网 1.0 出版物。互联网 1.0 风格的门户网站——美国在线、雅虎已经在互联网 2.0 的个性化产品脸谱网、汤博乐（Tumblr）、贝博网，以及 2.0 时代的自媒体平台红迪网、推特、SoundCloud、YouTube 等的比较之下黯然失色。1.0 时代的网站资源诸如柯达照片冲洗全摄影画廊服务、《大英百科全书》在线、Monster.com 等已经被互相协作的 2.0 时代产品 Yelp、Instagram、维基百科、领英等取代了。

大多数 2.0 时代的网站采取了和谷歌类似的商业模式，产品和服务免费使用，收入依赖广告。"我们这个时代的聪明人都在琢磨如何让人们点击广告。"脸谱网的一位工程师如是说。[76] 脸谱网和 YouTube 也都与谷歌类似，跻身当今的大数据公司之列。通过收集用户数据废气瞄准用户的行为和喜好。

互联网 2.0 时代的公司，即便是脸谱网都并没有像谷歌一样赚得钵盘满盈，但其中很多创始人和投资者都获得了巨额回报。2012 年脸谱网 1 000 亿美元的 IPO 数字，称得上是互联网历史上最大的 IPO，但不论是经济层面还是舆论层面都被抬得过高。2008 年贝博网被以 8.5 亿美元的价格出售给美国在线，迈克尔和西奥琪·波奇获得了投资蓄电池俱乐部的资金。2006 年谷歌以 16.5 亿美元的价格收购了 YouTube；2012 年脸谱网以 10 亿美元的价格收购了 Instagram；2013 年雅虎以 11 亿美元收购了汤博乐。2014 年，领英和推特也都达到了 200 亿美元的市场估价。

红杉资本董事长迈克尔·莫里茨，谷歌的 A 轮投资人之一，以及硅谷最成功的互联网公司风投资本家约翰·德尔，将谷歌、脸谱网等新时代的网络公司和过去工业时代的工厂做了一番比较。在过去的制造业经济中，莫里茨解释说，工厂是分离的场所，企业家投资工厂设备，工人付出劳动，产品再被放到市场销售。晚上，工厂的大门会上锁，机器停工，工人各自回家。但在网络时代，工业经济的物流完全被颠倒了。我们所谓的新"数字工厂"的大门完全敞开。每个人都能使用工厂的生产工具。莫里茨将这称为"私人化革命"。

莫里茨本人曾经是《时代周刊》的科技记者，因为正确投资谷歌、贝宝、美捷步、领英及雅虎而大赚了一笔。我们可以免费使用谷歌和脸谱网提供的搜索、交流的工具和服务。事实上，我们使用得越多，谷歌的搜索引擎越能提供更加精准的服务。更多的人加入脸谱网，麦特卡夫定律越能发挥效力，脸谱网对我们而言也就越有价值。

"旧金山和圣何塞之间正在发生非常重要的事，这件事在整个人类历史上也不多见。"[77]莫里茨这样形容谷歌、脸谱网、领英、Instagram、Yelp等数据工厂带来的个人化革命。

一切看起来似乎都是双赢的。谢尔盖·布林和拉里·佩奇的网站级别中暗含着善意的循环。我们都得以免费使用工具，互联网企业家还因此暴富。凯鹏华盈的联合创始人汤姆·珀金斯已经从他对谷歌、脸谱网、推特的风投基金中赚了几十亿美元。他当然会说，硅谷"成功的1%"创造了更多的工作和普遍的繁荣。

当然，现实不会总是这样美好。问题很明显，我们都在免费为谷歌和脸谱网工作，生产我们的个人信息，为这些公司创造价值。谷歌这家在2014年市场价值超过4 000亿美元的公司只需要雇用 4.6 万名员工。而通用汽车这样市值在 550 亿美元的工业巨头需要雇用 20 万工厂工人进行汽车生产。谷歌的规模是通用汽车的 7 倍多，雇员人数却只有通用汽车的 1/4。

这种新型的工厂经济改变了一切，甚至改变了全球金融系统的货币供应。2014 年年初，苹果、谷歌、微软、美国电信巨头威瑞森、韩国电子集团三星全球经济前五强公司持有的现金总额达到了 3 870 亿美元，等同于 2013 年阿联酋的国内生产总值。[78] 资本的不平衡将世界经济的命运置于苹果、谷歌等几家公司手中，而它们通常将利润存于海外，从而避免向美国纳税。"苹果、谷歌、脸谱网等企业就是现代的守财奴。"《金融时报》的专栏作家约翰·普伦德说，他担心公司的吝啬之风将会破坏世界经济的发展。[79]

"所以这到底意味着什么呢？"迈克尔·莫里茨再次质问控制大量财富的少数几家硅谷公司数据工厂经济的意义。个性化革命对于"极少数"几个硅谷泡沫之外的其他人意味着什么？

"那意味着美国其他人的生活会十分痛苦。"迈克尔·莫里茨说道，"如果你是穷人，生活会极其艰难。你是中产阶级，生活还是极其艰难。那意味着你必须接受对的教育，最终到苹果、谷歌工作才行。"[80]

那意味着迈克尔·莫里茨也许会对此进行补充，互联网不是答案。

脸谱网开启社交狂潮

杰夫·贝佐斯对于历史本质混乱的看法并非全错。像凯文·凯利这样的决定论者会说网络技术是有灵魂的，它将把我们带到数字的应许之地。但这种叙述漏洞，不论左翼还是右翼，宗教还是世俗，都不过是凯利这种末世论者的一厢情愿而已。他的信仰在解读历史时早已高过了他的理智。

历史唯一的法则就是没有法则。历史没有自己的头脑，它什么都不知道，没有任何期待，也没有任何意愿。1904 年德国社会学家马克斯·韦伯就在他的经典著作《新教伦理与资本主义精神》中追述了现代资本主义的起源和加尔文主义者积累财富的赎罪，在历史时间上碰巧重合了。互联网的历史也是十分随意的。互联网最初由热心公益事业的科学家保罗·贝恩、利克莱德、蒂姆·伯纳斯·李等建立。这些人大多都不太在意金钱，有些甚至视金钱如粪土。然而互联网带来了人类历史上一轮巨大的财富积累。最卓越的互联网公司谷歌的故事更是暗含讽刺意味——最初开发搜索引擎的几个计算机专业的学生都不信任在线广告，他们甚至禁止在自己的主页上做广告，但如今谷歌已然成为历史上规模最大、最强的广告公司。

脸谱网的历史更是随机、出人意料的代表，作为网络最重要的社交平台，它的开发人非常欠缺社交能力，许多人因此认为马克·扎克伯格患有孤独症。本·莫里茨讲述脸谱网早期故事的书

《偶然的亿万富翁》(*Accidental Billionaires*) 和 2010 年大卫·芬奇的奥斯卡提名电影《社交网络》的背景都是哈佛校园。而据莫里茨说，马克·扎克伯格在校园里完全格格不入。埃德华多·萨瓦林，扎克伯格 2004 年建立"Thefacebook.com,"的联合创始人，则认为扎克伯格在社交方面很"不安"，他是"班上一个奇怪的孩子"，一个让人觉得"像是对着计算机说话的""完全的谜团"。其他一些哈佛的学生对他的评价也是"怪人"，有"社交孤独症""死鱼式握手"的极客。[81] 而后不论是 2004 年从哈佛退学，还是十几年后将脸谱网变成世界主流社交网络，他还是没有摆脱社交障碍孤独症的形象，《连线》杂志戏称这是"极客综合征"。[82] 脸谱网曾经的总工程师黄易山则说扎克伯格像是患有"阿斯伯格综合征"且"完全没有同情心"[83]。另外，还有一些理智的声音，比如尼古拉斯·卡尔森，《商业内幕》的首席商业记者，也认为扎克伯格既有"明显的才华"，也确实"不太会说话"，似乎是他患有自闭症的一种"症状"。[84]

但是又或许正是因为他不会装模作样地高谈阔论，才得以建立史上最重要的话题开启网站，到 2014 年夏天为止，每一分钟都有 13 亿用户在这个社交计算机网络上留言 246 万条。脸谱网 25 亿美元的广告收入以及 2014 年第一季度 6.42 亿美元利润纪录[85]，已经使它成为互联网社交空间的"赢者通吃"公司。脸谱网凭借从我们的友谊、家庭关系、爱情中获得数据废气而真正实现货币化。2014 年 7 月，脸谱网的市值达到 1 900 亿美元，规模超过了可口可乐、迪士尼和美国电话电报公司。

就像谷歌并非互联网诞生的第一个浏览器，脸谱网也并非最早有社交网络——网络上用户培养社会关系的场所——这一想法的公司。里德·霍夫曼（领英的创始人）实际在 1997 年就创建了第一个在线社交网络，一个"社交"的婚恋网站。2002 年有了交友网站 Friendster，2003 年有了洛杉矶的"我的空间"（My Space，一家以音乐和好莱坞为重点的交友网站）——在 2008 年人数最多、被美国新闻集团以 5.8 亿美元收购时，用户达到了 7 590 万。[86] 而脸谱网到 2006 年为止还主要面向高中和大学用户，但它的界面已经比"我的空间"更加简洁、直接。因而在它开始面向所有人（不仅仅是学生人群）后，马克·扎克伯格的产品迅速成为互联网最大的社交网站。到 2008 年 8 月为止，网站已积聚了 1 亿用户。

之后，互联网效应开始发挥作用，周而复始的积极反馈开始令网络成为一个典型的赢者通吃市场。2010 年 2 月，脸谱网已经成为拥有 4 亿用户、75 种语言的网络社区，用户日总在线时间长达 80 亿分钟。[87] 脸谱网目前仍是仅次于谷歌的第二大受欢迎网站。截至 2014 年夏天，脸谱网的用户已经达到 13 亿，赶上了中国的人口数量，世界人口的 19%，而其中一半人每周会至少 6 天上线。[88] 与谷歌一样，脸谱网也在不断变得强大。谷歌向移动终端的转型非常成功，在苹果和安卓系统中都是遥遥领先的最受欢迎软件，用户 17% 的手机使用时间是在浏览脸谱网。扎克伯格成立仅 10 年的公司以及业界的领头羊谷歌都将在互联网历史下一个 10 年中占据统治地位。脸谱网和谷歌都试图将自己打造成一个平台，而不仅仅是一个网站，这样的策略与互联网 1.0 门户式网站"我的空间"等采用的大为不同。戴维·柯克帕特里克——脸谱网权威历史《Facebook 效应》[89]（*The Facebook Effect*）的作者认为 2008 年"脸谱网连接"（Facebook Connect）和 2009 年"开源应用程序界面"（Open Stream API）等平台的开放是"非常大的转变"，"前所未有的彻底"，因为这让其他网站能够模仿脸谱网，开发者将会从头到脚改变互联网，让网络成为脸谱网的延伸模式。商业杂志《快公司》的奥斯汀·卡尔将其 2014 年的移动产品策略称为"脸谱网无处不在"。[90] 试图将杂志的移动终端打造成柯克帕特里克所说的"信息仓库，像是银行但同时又是票据交易所、运输中心、邮局或电话公司"。[91] 这正暗合了之前蒂姆·奥莱利定义的互联网 2.0 时代网络的革命性。

脸谱网和谷歌的不同之处在于，脸谱网将它的社会地位看得更加重要。"脸谱网的根在于它的社会基础——一种势不可当、扑面而来席卷了当今人们生活的透明度。"柯克帕特里克解释说。对于马克·扎克伯格来说，网络的含义就是明亮的"麦克卢汉村"中人们共享的个人数据。柯克帕特里克写道，麦克卢汉"是这家公司的最爱"，因为"他预见到了将会整合这颗星球的全球沟通平台"。[92] 对于网络，扎克伯格采用了类似麦克卢汉的叙述方式："一个巨大的信息流，一个包含了人类全部意识和通信的信息流。我们在做的产品只不过是信息流中的不同观点而已。"[93]
2009 年，脸谱网的"幸福总指数"项目就颇有预示性。这是一个试图通过分析用户在脸谱网上使用的词汇和语言衡量用户心情的典型尝试。2012 年，脸谱网还有一个更加耸人听闻的研究：通过改变 70 万脸谱网用户看到的新闻推送来测试他们的心情变化。[94]

布林所说的数据"大环形"对于马克·扎克伯格而言就是社交网络的循环性。扎克伯格认为越多人加入脸谱网，脸谱网对于社会在文化、经济甚至道德上的价值就会越大。他甚至得出了扎克伯格法则（摩尔定律的社会变形版），暗示人们的个人信息每年都在网络上激增。扎克伯格曾对柯克帕特里克说："10 年后，用户在脸谱网上的数据将会是现在的几千倍。每个人都需要安装一个移动版的软件进行分享，这是人们很难想象的。"[95]而这会是一个恼人的预言，因为它已经在一点一点地变成现实，脸谱网的应用软件已经占领了移动互联网，而智能手机这种"终极监视器"的发展不仅能够追踪我们的位置，而且能够显示我们正在做的事情。[96]

脸谱网的故事是互联网讽刺历史的又一篇章。马克·扎克伯格通过一个不同寻常的"社交异教"，革命性地改变了 21 世纪的通信。他借用开放和透明的概念掩盖脸谱网的商业目的，隐私变得更加罕见。他的叙述漏洞是脸谱网将是那个整合人类的网络。按照这个逻辑，人们似乎有义务在网络上展示自我，参与这个明亮世界村里的现场坦白。正因如此，有社交障碍症的扎克伯格才会愿意相信我们都只有"一个身份"，并对柯克帕特里克说："拥有双重身份是缺乏整体性的表现。"[97] 谢丽尔·桑德伯格（脸谱网首席执行官）也因此才会说："在脸谱网上你只能做自己。"[98]

然而和许多扎克伯格、桑德伯格说的话一样，这些并不是事实。拥有多重身份，既是公民、朋友、女人、母亲又是网友，这正是一个人整体性的表现，人们并不能舍弃他们的身份。与此同时，越来越多的年轻人开始意识到在数字时代要维持个人的"独特性"，或许应该离开脸谱网到网络上一些不那么明亮的地方去。[99]

受到马克斯·韦伯《新教伦理与资本主义精神》的启发，美国社会学家罗伯特·莫顿向人们普及了有目的的社会行为的"意外后果"这一概念。脸谱网的历史正是莫顿理论的佐证。虽然脸谱网的创立是为了带我们走进幸福的全球村，然而现实恰巧相反。密歇根大学的心理学家伊桑·克罗斯在 2013 年的研究表明，脸谱网不但没有让我们成为一体，反而让人们过得更不开心，彼此嫉妒。[100] 2014 年的一项 Reason-Rupe 调查显示，只有 5% 的被调查者相信脸谱网会保护个人信息，低于被调查者对美国国税局的信任率 35%，以及对美国国家安全局的信任率 18%。[101] 2013 年，柏林大学对 600 名脸谱网用户的调查发现更加让人疑惑，调查结果显示，30% 的用户感到使用脸谱网让他们感觉更加孤独、愤怒和迷惑。[102]

这些结果应该都在人们的意料之内。因为当你将个人信息交给一个说话口吻和计算机类似的极客时，结果是可以想见的。相信一个完全没有同情心的人不可能得到其他结果。

分享经济与数字货币

蒂姆·伯纳斯·李在解释互联网的分散式设计时，将它比作了资本主义自由市场系统。"我告诉人们，互联网就像市场经济，"他在自传中写道，"在市场经济中，任何人都可以和任何人交易而不需要去市场。"[103]

但在自由主义的今天，网络和资本主义的相似之处不仅仅在于结构上。硅谷已经成为新一代华尔街，因为伯纳斯·李的发明已成为 21 世纪网络资本主义的工具，为赢者通吃的企业家们提供着丰厚的回报。"我们生活在一个什么都可以买卖的时代。"道德哲学家迈克尔·桑德尔在提到冷战后开始的"市场必胜时代"时这样写道。而随着柏林墙倒塌、冷战结束[104]而诞生的约翰·杜尔所说的"人类历史上最大的合法财富创造"——互联网，已经成为汤姆·珀金斯等自由市场盲从者必胜的肥沃土壤。当然，使得汤姆·珀金斯必胜的不仅仅是互联网。如今拉里·佩奇、谢尔盖·布林之所以能够各自身价 300 亿美元，是因为他们扼住了电子广告市场。杰夫·贝佐斯的 300 亿美元则是来自他选择丰富、价格低廉的"万货商店"。马克·扎克伯格则是从将"友谊货币化"中捞到了 300 亿美元。

互联网诞生后的 25 年间，网络已经从禁止任何商业元素变成了从所有事情中牟利。"社交媒体商业代表着资本主义已经疯狂扩张进入了我们的私人关系领域，"快拍（Snapchat）首席执行官埃文·施皮格尔这样评价脸谱网这样的社交网络对人们内在生活的货币化,"我们被动地为朋友们表演,制造朋友喜欢的东西,打造个人品牌,从中学会了持续不断做的事就是真实的。我们必须尊重真我,对所有朋友都表现同样的自己,否则就有不被信任的危险。"[105]

伯纳斯·李对资本主义的定义其实有些单薄。资本主义并非只是一成不变、进行交易的市场经济,更是奥地利经济学家约瑟夫·熊彼特所谓的"演进式"的"永远都不会静止的"经济变化过程。熊彼特在《资本主义、社会主义与民主》一书中用"创造性破坏"(creative destruction)来形容驱动着资本主义的永恒、分裂式的发明和再发明。"创造性破坏是资本主义的基本事实,"熊彼特坚称,"那是资本主义的内涵,所有资本主义的关切都必须首先接受它。"[106]

因此,网络经济必须被理解成一段历史叙事,而不是一成不变的市场关系。不论在网络 1.0 时代,还是在网络 2.0 时代,网络都扰乱了媒体、通信和零售业。熊彼特提出的创造性破坏之风在 1994 年吉姆·克拉克、马克·安德森创立网景公司的 20 多年后,盘旋在摄影、音乐、报纸、电信、电影、出版和零售业之上。

再过 25 年,数字微风将会成长为 5 级飓风,完全破坏所有的产业,教育、金融、交通、医疗、政府、制造业将会无一幸免。现在的风暴将会在计算(摩尔定律)和网络力量(麦特卡夫定律）的疯狂增长、网速的提高、计算机云端应用的不断发展中升级。爱立信公司的帕特里克·塞瓦尔的研究团队提醒人们，智能手机价格的下降和无线网络的扩张意味着到 2018 年智能手机用户将达到 45 亿。随着芯片体积缩小、价格下降、能力增强，它们将能被嵌入我们的衣服甚至身体。我们在计算设备上的所有活动都会是联网的。网络涵盖了所有人和所有事，不论好坏，人们都将无法逃避。

无处不在的网络会带来无处不在的网络市场。数字市场已经开始朝着乔纳森·林德威斯特在爱立信斯德哥尔摩办公室墙上创作的混乱无中心的图像的样子发展。金融、交通、旅游等不同产业的使能器和中间人都开始模仿谷歌的分层商业模式。分层资本主义，即无处不在的资本主义，正是网络经济的演进逻辑。

金融市场中，比特币已经拥有了自己的交易指数，几亿美元依靠"推测"与这种电子网络货币相关联。比特币这种数字货币代表了一种美元、瑞士克朗等集中控制货币的点对点替代品，绕过了中间人，避免经过银行，也就不用缴纳手续费了。马克·安德森，如今的安德森·霍洛维茨基金（40 亿美元的硅谷风投基金，向基于比特币的创业公司虚拟钱包 Coinbase 投资了 5 000 万美元）常务合伙人在一篇写给《纽约时报》的文章中解释"为什么比特币重要"。他认为这种新的数字货币代表了"一种传统的网络效应、一个积极的反馈回路"。和互联网一样，安德森说，越多的人使用这种新货币，"比特币对于使用它的人来说就会越有价值"。[107]

"神秘的新技术，看似是凭空出现的，其实却是许多默默无闻的研究员二十几年紧张研究的成果，"安德森在预言这种电子货币的历史重要性时写道，"我指的到底是什么技术？是 1979 年的个人计算机、1993 年的网络以及以我所见 2014 年的比特币。"[108]

由积极反馈回路支撑的分层资本主义系统的前篇正是硅谷的委婉语"分享经济"。像安德森一样的投资人认为网络是对于买卖双方超级高效且"阻力很小"的平台，是 20 世纪自上而下经济中无效结构的升级。点对点货币——比特币发展的同时，这种新型的分层模式还提供了众筹网络，例如，约翰·杜尔投资的 Indiegogo，每个人都可以在网站上为自己的创意集资。

作为企业家和市场之间的使能平台，Indiegogo 捕捉到了这种新型分层经济的精华，即任何事物不仅可以买卖，也可以向众人筹资。Indiegogo 让人们可以投资其他人的家庭翻修、购买跑车计划、1 万美元的非洲远行假期、土豆沙拉（2014 年的一个奇怪活动，筹得了超过 3 万美元）[109]，甚至丰胸手术。[110]

这和第二次世界大战后旧式由上而下的系统正相反，那时资助开发互联网这样的主要公共项目（而不是土豆沙拉）是由范内瓦·布什、利克莱德等政府委派的智者来做决定的。

风投安德森·霍洛维茨的另一项投资是爱彼迎，这个成立于 2007 年的点对点卖场让所有人都能出租家里的一间房间，变成酒店。到 2013 年年底，爱彼迎已经成功让 1 000 万客人住在世界上

192 个国家的 55 万套房间中，其中包括人们家中的空房间、城堡甚至圆顶帐篷。[111] 2014 年 2 月，这家只有 700 人的创业公司的评估市值达到 100 亿美元，成功筹资 4.75 亿美元。[112] 这意味着爱彼迎的价值是希尔顿公司（一个拥有 3 897 间酒店、15.2 万名员工的世界连锁品牌）220 亿美元市值的一半。爱彼迎的联合创始人布莱恩·切斯基将公司形容为一个关于"信任"的平台，在这个平台上主人和客人的信誉取决于网络上的反馈。[113] 然而爱彼迎缺乏来自政府的信任，2014 年 5 月，纽约大约 1.5 万名爱彼迎的主人由于可能没有为出租收入缴税，而被纽约州总检察长埃里克·史内德曼传唤。

安德森·霍洛维茨同时还进军了拼车平台，投资了洛杉矶一家 2012 年建立的中间商打车软件 Lyft，一款可以点对点拼车的手机应用软件。不过最有名的交通分享软件创业公司还要说是优步。优步由约翰·杜尔出资，同时接受了谷歌风投 2.5 亿美元投资。2009 年年末，特拉维斯·卡兰尼克创立了优步。现在优步已经在全世界 130 多个城市落地，拥有 1 000 余名员工。2014 年 6 月，优步引资 12 亿美元，估值达到 182 亿美元，创下了私人创业公司的纪录。

卡兰尼克成了亿万富翁，这家只有 1 000 余名员工、成立仅 4 年的企业价值已经是阿维斯（Avis）出租汽车公司和赫兹（Hertz）公司的总和，[114] 这两家公司雇员人数达到了将近 6 万。

宣传"每个人的私人司机"的优步不仅参与分层出租车网络

市场，2013 年 7 月还引进了"优步直升机"，这个 3 000 美元的私人直升机服务让富有的纽约人和排外的汉普顿斯人都震惊了。[115] "布莱尔·沃尔多夫、唐·德雷珀、杰伊·盖茨比没什么了不起，"优步在优步直升机的广告中宣称，"这是财富、便捷和风格的象征。" [116]

"优步软件在吞噬出租车。"马克·安德森在描述旧金山的交通服务时羡慕地说。[117] 然而优步吞噬的不仅仅是出租车。汤姆·珀金斯信誓旦旦地说硅谷的 1% 企业家在"创造就业岗位"。然而全球成千上万的出租车司机绝不会同意他的观点。诚然，优步确实扰乱了世界各地专业出租车司机的生意。2014 年 6 月，许多欧洲城市——伦敦、巴黎、里昂、马德里、米兰，都爆发了反对引入优步的抗议游行。[118]

然而优步仍旧是硅谷标志性的公司，它被旧金山技术人群视为"弥赛亚"，下一个 1 000 亿美元网络奇迹。[119] 马克·安德森十分喜欢这款手机服务友善的用户界面，他对这款应用的实时用户界面这样称赞道："在车朝你开的时候，你可以在手机地图上看到，这种体验是撒手锏。"

手机屏幕上朝我们开来的绝不仅仅是优步豪华轿车，而是来自分层资本家网络的创造性破坏，以优步和爱彼迎为代表，任何人都得以成为出租车司机和酒店老板。Mosaic 浏览器拉开了网络赚钱大幕，其开发者马克·安德森说得很对，优步对于早期投资者绝对是"撒手锏体验"，他们的投资得到了 2 000 倍的回报。[120]

　　然而在这几个幸运的投资人将 2 万美元天使轮的优步变成 4 000 万美元财富的同时，这种赌场式经济的后果对于其他人来说则麻烦重重。网络最重要的故事并非是关于汤姆·珀金斯所说的"成功的 1%"，而是关于另外的 99%——没有投资优步，没有买比特币，也没有在爱彼迎上出租城堡房间的那些人的故事。

第三章

人机之争

科技并未普照

"每个人的私人司机"。优步这样宣传它实际颇具破坏力的黑色豪华车服务。2014 年冬天，一个昏沉沉的下午，当我搭乘破烂的美联航空的飞机一路从芝加哥颠簸到纽约北部的罗彻斯特国际机场，又冷又饿地走出机场时，一辆优步车也找不到。当然更没有 3 000 美元的优步直升机可以载我去罗彻斯特市区。

这真是幸事，真的。因为我得以见到仿佛反乌托邦的景象——一间间商店都被木板封起来，空荡的街上无家可归的人推着装着他们不多财产的购物车踽踽而行。像是 1982 年雷德利·斯科特的电影《银翼杀手》中的一幕，21 世纪的街道上，人类和机器人毫无分别。1984 年威廉·吉布森的科幻小说《神经漫游者》中也有类似的画面，这是一本关于电子网络世界的颠覆性经典，不仅普及了"网络空间"（cyberspace）一词，似乎也预见到了 5 年后蒂姆·伯纳斯·李发明的万维网。[1]

"天空像电视频道没信号时的那种颜色。"吉布森在《神经漫游者》的开头这样写道，他推特账号"忧郁大师"绝非浪得虚名。罗彻斯特市区就像是吉布森描写的忧郁的未来中那样死气沉沉，好像是没有信号的电视频道。这个工业城市的中心破败不堪，不论用什么样的 Instagram 滤镜拍摄，也绝不会显露出生机。时间遗忘了这座城市。如今，这座城市最出名的就是低就业率和高犯罪率。抢劫案在这个城市臭名昭著，高于美国全国平均抢劫案数量 206 倍，是纽约市的 350 倍。[2] 死水一般的城市中唯一的嗡鸣就是盘旋在空中的警方直升机。难怪罗彻斯特"纽约州谋杀之都"名声在外。

"你能看见未来的样子——它不是平均分布的。"吉布森这样说道。很少有其他地方比罗彻斯特更加分布不均了。这座有 20 万人口，地处偏远的纽约州北部安大略湖边的早期工业城市，绝对不值得坐 3 000 美元的私人直升机游览，除非你像我似的来这里寻找失败的 25 年时光。

硅谷最荒唐的是它对"失败"概念的崇拜，《卫报》[3] 对此的评价是"惊人的咒语"。在蒂姆·奥莱利等思想家的推动下，生意失败成了成功企业家的勋章。崇拜失败是硅谷极客最喜欢的新型基因。他们越是成功，越喜欢夸大之前的失败。"我是如何失败的"是奥莱利个人一次异常成功的演讲用的标题。[4] 不过失败赛场的竞争非常激烈。亿万富翁里德·霍夫曼向企业家鼓吹"快速失败"。[5] 天使投资人、百万富翁保罗·格雷厄姆称自己的互联网企业孵化器（一个已经成功孵化包括红迪在内的很多小企业的地方）是"失败中心"。[6] 另一位富有的天使投资人大卫·麦克卢尔也不甘落后，称自己成功孵化 500 家创业企业的孵化器是"失败工厂"。[7] 的确，失败崇拜已经成为硅谷的风尚，旧金山甚至还有一个"失败大会"致力于膜拜失败。

当然，里德·霍夫曼、蒂姆·奥莱利这些"赢者通吃型"企业家对于失败的了解就跟波奇夫妇对乡村俱乐部的了解差不多。为了寻找真正的失败，我从旧金山飞了 2 700 英里来到罗彻斯特。而在机场我见到的唯一的"失败"就是机场书店橱窗里封面花哨的科技商业杂志。

旧金山特色充盈着罗彻斯特，至少充盈着这个书店。杂志封面是一个精力充沛、留着山羊胡子、戴着黑框眼镜、穿着帽衫的年轻企业家，他挥舞着大锤，将塑料砸成碎片，身上的衣着若是去蓄电池俱乐部就太隆重了。

杂志标题大写着"真正的创造性破坏"，黑色的字体跟照片上年轻人的山羊胡和眼镜一个颜色。[8]

你不需要很懂符号学也能看出这张我在罗彻斯特看到的照片里"快速前进，破坏事物"的含义。

罗彻斯特的经济基本上已经在过去 25 年间在熊彼特所说的创造性破坏中分崩离析了。因而这个杂志封面的含义一目了然，大锤代表了数字革命的破坏性力量，而塑料象征着被破坏的城市本身。

照片的内涵丰富。罗彻斯特市民不理解别的也会理解照片的含义。作为柯达公司的全球总部所在，照片所呈现的之于罗彻斯特就像汽车之于底特律、网络之于硅谷一样。罗彻斯特是世人熟知的"世界图像中心""快照之城"，过去 125 年间，人们无数的"柯达一刻"铸造了这个城市曾经的繁荣。

柯达创始人乔治·伊斯曼在 1888 年介绍柯达的第一款手持相机时曾承诺说："你按下快门，剩下的看我们。"之后的工业时代里，人们正是这样做的，按下快门，剩下全部依靠柯达相机和高质量的柯达胶卷显像处理服务。我们花钱为照片冲洗埋单。之后的 100 多年间，几百万"柯达一刻"成就了罗彻斯特的繁荣和盛名。然而当下，阴影下的"柯达一刻"令罗彻斯特从世界图像中心变成了一幅"失败"的照片。

保罗·西蒙在他 1973 年的流行歌曲《柯达克罗姆胶卷》中唱道，柯达带给我们"明亮的色彩"。这首歌是西蒙致敬《柯达克罗姆胶卷上的好莱坞》的作者戴维·威尔斯的歌曲。威尔斯在《柯达克罗姆胶卷上的好莱坞》中将 1935 年上市的"奇妙的"柯达彩色胶卷描绘成"细节清晰和色彩明亮的代名词"。说它"图像明快"，"颗粒细微"。[9] 之后的 70 年里，柯达克罗姆准确地捕捉了世间的众多时刻。它记录了 20 世纪的很多细节和重要时刻，从阿姆斯特朗 1968 年登月的照片到好莱坞众明星的官方照片。[10] 西蒙的歌词也可以用来形容这座城市，控制全球照片生意的柯达公司，给这座城市带来了"明亮的色彩"、繁荣的地方经济以及成千上万个报酬丰厚的工作。

我们并没有放弃照相。事实正相反。2011 年，人们拍了 3 500 亿张照片，2013 年惊人地拍了 1.5 万亿张，这比之前人类拍摄的所有照片数量的总和还要多。"照片比文字更性感。"亚利桑那州立大学创意摄影中心馆长约书亚·张解释道。[11] "我拍照所以我存在。"[12]《华尔街日报》的艾伦·加梅尔曼在描写当今人们沉迷于手机拍照的文化时写道，如果将 2013 年在美国拍摄的所有 1 250 亿幅照片都按 6 寸打印出来，那么这些照片可以一路铺到月球，并往返 25 次。

最悲哀的是，我们拍的照片越多，罗彻斯特的工作机会就变得越少。保罗·西蒙在 1973 年恳求说："别拿走我的柯达克罗姆彩色胶卷。"然而自那之后，数字革命不仅仅带走了柯达克罗姆彩色胶卷，还带走了柯达的全部。西蒙写《柯达克罗姆胶卷》时，柯达公司还控制着美国 90% 的胶卷销量和 85% 的相机销量。[13] 25 年后，柯达克罗姆胶卷停产了，结束了 74 年的生产历史。2013 年 9 月，我来罗彻斯特前几个月，奄奄一息的柯达公司申请破产，卖掉了大部分业务，员工基本都下岗了。

黑白看起来差很多，保罗·西蒙唱道。的确，差得太多。"整座城市失掉了中心。"[14] 文化批评家杰森·法拉戈在罗彻斯特的墓志铭中写道。柯达的破产是"美国经济生活的悲剧"，主持柯达公司破产的美国法官不无悲痛地说。真正的悲剧，这位法官解释说，是 5 万名柯达下岗员工，他们中大多数人一生都在柯达工作，如今没有了任何养老金，最好的情况就是拿到了一点少得可怜的股息。[15]借红杉资本董事长迈克尔·莫里茨的一句话说，生活对于罗彻斯特旧工业时代的工人阶级来说变得非常"困苦"。

另一位主持破产的法官的祖父曾在柯达工作，他形容这次破产的用词更加伤感，"破产的进程令人伤感，"他说，"像是失去家人。"[16]

我来罗彻斯特主要是想追踪柯达，亲眼看看这个受伤的地方，这个史诗般的破产如何撕扯着城市的核心。不过虽然有谷歌、苹果最新网络绘图软件的帮助，但失败还是一件很难描绘的事。

人工智能的威胁

"半英里之后左转进入创新大道。"导航声音指示道。

要是寻找创新这么容易该多好。我在追踪柯达时开车在"罗彻斯特技术园"附近导航，这片低矮的办公楼附近是一条出城的高速路。iPad 里的女声导航一路给我指明方向。

"再过 0.25 英里，右转进入创意大道，"谷歌地图算法的声音机械而平稳地继续说，"继续行驶 800 码，右转，驶入首创大道。"

罗彻斯特技术园分成完全一样的几个街区，名字都饱含希望，像是"首创大道""创新大道""创意大道"等。有人告诉我柯达研究室在一栋建筑里。当开着车前前后后寻找时，我忽然意识到不仅仅是柯达不易找到，首创、创新、创意都很难懂。

这座向四周延展的工业园里有许多办公室，却缺乏最重要的东西——人。在寻找柯达的路上，我几乎什么人也没看到。我有点绝望，跟"忧郁的"威廉·吉布森差不多。就好像硅谷被搬到了罗彻斯特，硅谷人却忘了搬过来，又好像工人都被机器人替代了。

工人或许真的被机器人替代了。"人们对这种隐形的力量有很多不同的称呼——计算机化、自动化、人工智能、技术、创新，还有人人都喜欢用的机器人。"德里克·汤普森，2014 年在《亚特兰大月刊》一篇关于"人们日益担心从经济中消失的工作"的文章中写道。[17] 2014 年是互联网诞生 25 周年，像是在纪念这个时间，人们终于完全意识到《华尔街日报》专栏作家丹尼尔·阿克斯特所谓的"自动化焦虑"。[18] 就拿我从芝加哥到罗彻斯特飞机上看的杂志来说，封面特写是龙卷风刮过办公室的照片。"去你附近的办公室……"它在通知人们科技对"未来工作"[19] 的影响。

很多人都有类似的自动化焦虑。杰出的《金融时报》专栏作家马丁·沃尔夫曾提醒人们智能机器将会消灭中产阶级的工作，使收入不平等问题更加复杂化，富人失去对他人命运的同情，民主公民权遭受嘲讽。[20] "机器人将会终结你的工作。"[21] 谷歌 2013年 12 月收购波士顿动力后，蒂姆·哈福德不无担忧地说。3 英尺长，自重 240 磅，可负重 340 磅攀爬雪坡的四脚怪物机器人"大狗"就是波士顿动力的产品。哈福德担心计算机在 2014 年将会获得自我意识，他认为这会对"就业市场产生负面影响"，人们应当对这样的未来保持"清醒"。[22] 他尤其忧心持续发展的智能技术对中等收入工作，诸如打字员、文书、旅行代理、银行出纳等职业的取代效应。

2014 年，科技记者尼古拉斯·卡尔在一本关于"自动化和人类"的书《玻璃笼子》(*The Glass Cage*) 中将主流网络公司谷歌、亚马逊等公司涉足机器人制造业视为同样令人"清醒"的现实，并将之称为"玻璃笼子"。2008 年，卡尔在另一本书《大转变》(*The Big Switch*) 中就曾提到一个重要的观点，随着云计算的普及，互联网成为"互联计算机"，[23] 网络事实上已经变成了一台巨大的计算机。卡尔在《玻璃笼子》一书中提醒人们，随着自动化的到来，互联计算机在编制一个可能会抛弃人类的社会。

"现今风靡的计算机沟通方式基本直接导致了人的作用在萎缩，"卡尔在《玻璃笼子》中写道，"社会正不断将自己转型以适应计算机构造。这些构造通过实时数据交互令无人驾驶汽车和智能机器人的大规模普及成为可能。另外，为预测算法提供原始数据，个人和集团也以此获得信息做出判断和决策。教室、图书馆、医院、商店、教堂、家庭，自动化无处不在。"[24]

谷歌在智能劳动力替代技术发展中的巨额投资，即是在向建造管理"玻璃笼子"投资，此前谷歌已经招揽了雷·库日韦尔，一个饱受争议的"奇迹"发明家，来实施人工智能工程战略[25]。谷歌不满足于 2013 年下半年对波士顿动力等 8 家机器人公司的收购[26]，还在 2014 年伊始进行了两次重大并购，以确保自己在市场中的主导地位。据知情人提供的消息，谷歌以 5 亿美元的价格收购了神秘的英国公司 DeepMind（"最后一家研究人工智能的大型独立公司"）；又以 32.3 亿美元的价格收购了生产智能恒温器等家用智能设备的领军企业"雀巢实验室"。另据《华尔街日报》报道，谷歌"为了实现公司的机器人愿景"，甚至还准备收购富士康（中国台湾一家承包了绝大部分苹果产品生产的大型制造商）。[27]

种种收购和合作无不表明，谷歌正如科技记者丹·罗文斯基所说，在人工智能时代玩起了"点石成金"[28]的游戏，将自己视为智能计算时代的游戏主导者。未来，"去你附近办公室"的死亡飓风的起源，说不定就来自加利福尼亚山景城的谷歌总部，谢尔盖·布林所说的自动数据反应循环的"大圆圈"将逐渐包围整个社会。

谷歌的另一个兴趣点，特拉维斯·卡兰尼克的优步，也很有可能成为大规模工作机会杀手。2013 年，谷歌投资向优步注资 2.58 亿美元——谷歌对外进行的最大笔风投。其中原因不难看出，《福布斯》的专栏作家梅振家认为"谷歌汽车 + 优步 = 杀手软件"[29]。梅振家的同事麦丘也说，谷歌对优步的兴趣可能是希望卡兰尼克的交通网络能成为史无前例的无人机投递服务基础。谷歌在不久的将来能向联合包裹、联邦快递、敦豪国际航空快递、邮政服务挑战，用联网的无人机取代世界上无数送货司机和快递员的工作。基于 2013 年仅仅联合包裹和联邦快递就雇用了 70 万名员工 [30]，无人机革命对于中产阶级工作将会产生强烈影响。"相对于亚马逊需要联邦快递，联邦快递更需要亚马逊。"《纽约时报》的克莱尔·米勒在解释亚马逊和联邦快递之所以能够签订特殊运价协议时写道。[31] 并且这种力量并不对称，将会随着亚马逊能够直接与联邦快递和联合包裹竞争的技术服务发展，不断失衡。

对于一些人来说，自动无人机代替联合包裹和联邦快递是科幻故事，相比 2014 年，更可能在 2114 年发生。但对于杰夫·贝佐斯（优步另一个早期投资者）而言，并非如此。2013 年 12 月在哥伦比亚广播公司（CBS）查理·罗斯的《60 分钟》新闻节目中，贝佐斯直接提到了发展无人机投递包裹的想法。贝佐斯将它称为"最好航空"，他说："我知道这看起来像小说，但并不是。"[32] 亚马逊不仅和谷歌在无人机投递业务中展开了机器人对抗，同时在经济的"1%"战争中，和谷歌争相消灭其他人的工作。2014 年 7 月，亚马逊甚至写信给美国联邦航空管理机构，申请试飞"最好航空"。投递无人机能够以最高 50 英里 / 小时的速度投递重达 2.3 千克的包裹。[33]

亚马逊和谷歌一样重视自动化策略。的确，亚马逊为了发展更多的仓库，可能雇用了低收入、时薪计价、未参加工会的工人。但和谷歌一样，亚马逊也在大规模投资"自动劳动科技"，2014 年 5 月，杰夫·贝佐斯告诉投资者，他计划于 2015 年年初在执行中心使用 1 万台机器人 [34]。2012 年，亚马逊花费 7.75 亿美元给 Kiwa Systems（一家机器人公司），雇用其为仓库服务。Kiwa 机器人，早已在亚马逊旗下的在线鞋城美捷步中使用，每小时取回、拾起 200—400 件物品。乔治·帕克在 2014 年的《纽约客》中提醒道："亚马逊仓库工作正不断被机器人取代。"帕克预言，最终冰冷的结果就是，亚马逊将会"把人的因素从购物中去除，我们最后独自完成购买"[35]。万有商店，实际上，正成为没人商店。它将变成一个自动化的回音室，一个顾客身边只有算法作为镜子，只能看到购物历史记录的商店。我们走进商店之前，算法就已经知道我们需要什么，然后一个机器人会为我们下单，如果杰夫·贝佐斯的想法能实现，那么商品最后将通过个性化的无人机送达我们手中。

脸谱网和谷歌、亚马逊一样，也在积极进入人工智能领域。2014 年，脸谱网收购了 Oculus VR（一家虚拟现实公司）和英国的无人驾驶飞机公司 Ascenta。[36] 马克·扎克伯格还和特斯拉的首席执行官埃隆·马斯克、好莱坞演员阿什顿·库彻一起投资了一家模拟人类学习的人工智能公司 Vicarious。据创始人斯考特·菲尼克斯说，Vicarious 的目标是能够复制新大脑皮层，从而创造"除了不睡觉以外，和人类一样的计算机"[37]。菲尼克斯对《华尔街日报》说，Vicarious 将会最终"学会如何治疗疾病，创造廉价的可循环能源，替代大部分人的工作"[38]。菲尼克斯没有说明的是，当 Vicarious 代替人类完成所有事情之后，人类还能做些什么呢？

人工智能对于工作机会的威胁已经变成一个巨大的问题，甚至谷歌平时口齿伶俐的执行主席埃里克·施密特都承认了问题的严重性。"人机竞赛，"施密特在 2014 年达沃斯世界经济论坛中声明，"将会在未来的 25 年间，成为关键因素。"[39] "人需要获胜。"他说。但是基于谷歌对于人工智能的大量投资，我们真能相信在这场未来的人机竞赛中谷歌和我们是一方的吗？如果我们"赢得"了竞赛，那么谷歌投资的波士顿动力公司、雀巢实验室、DeepMind 等都将输掉比赛？

除了胜利者，我们普遍的自动化焦虑实际大部分都是关于失败者的认定，那些会因此丢掉工作的人，那些互联网经济中的失败。引用牛津大学卡尔·贝内迪克特·弗雷和迈克尔·奥斯本的报告，全美 47% 的工作会在之后的几十年间消失。[40]《大西洋月刊》的德里克·汤普森则在思考，哪一半工作机会将被机器人代替变成多余的。25 年中，10 种 99% 将会被互联网软件和自动化代替的工作中，汤普森提到了税务填表人、图书管理员、电话销售员、服装工厂中的裁缝、账务员以及图像处理师。[41]

在自动化会令谁失去工作的种种猜测中，汤普森说："事实的可怕之处在于我们完全没头绪。"[42]

不过汤普森错了。这场计算机和人类之间去人化的竞赛，其实赢家、输家早有定论。我们有的头绪不止一条，这才是现实的可怕之处。

旧工业时代的结束

我们所有关于自动化的焦虑并非都是推测出来的。实际上，对于图像处理工来说，他们的工作 100% 将会在这场竞赛中输给计算机。这也是我来到"快照之城"的原因。然而我来罗彻斯特不是为了推测未来工作的消失，而是来检验互联网技术如何令现今的工作消失。

我那天一早就开始在罗彻斯特旅游中心寻找柯达的遗迹，在城市死寂的市中心，主街和中街之间一座破败大楼的一层，我确实找到了一个活人。

"你知道我在哪儿能看到柯达的办公室吗？"我问一个在旅游中心做志愿者的灰发老妇人。从老人的表情判断，我猜想我应该说中了她家里最近的倒霉之事。果不其然，老人对我说，她丈夫在柯达工作了超过 40 年。"一生。"她说，伤感地摇了摇头，令我疑心他会不会就是那 5 万名在柯达破产后失去所有福利的退休者。

老人打开了一张罗彻斯特地图，铺在我们面前的桌子上。她讲的不是城市的地理，而是历史。"这里过去是工厂，这里和这里曾是实验室，"她的语言和表情中毫不遮掩对这座逝去的城市的怀恋之情。

她接着说，声音低了点："但现在的情况如何，我不确定。"

25 年前，一切都是另一幅场景。1989 年，当蒂姆·伯纳斯·李在欧洲粒子物理实验室获得突破时，伊斯曼·柯达在罗彻斯特的各个研究室、办公室、工厂里雇用了 14.5 万人。直到 20 世纪 90 年代中期，这家上市公司的市值仍达 310 亿美元。但自那以后，柯达的滑坡甚至比全球唱片业还要严重。其中的悖论是，柯达成了产品过剩而非稀缺的受害者。网络照片分享的普及，越来越多的人使用手机和平板电脑拍照，柯达的存在似乎变得无关紧要了。"你按下快门，剩下的看我们。"曾是乔治·伊斯曼的著名言论。然而数字革命的普及已经使得摄影除了按下快门以外再不需要做其他什么。2003—2012 年，随着网络 2.0 时代脸谱网、汤博乐、Instagram 等创业企业的发展——柯达关闭了 13 家工厂、130 家图片实验室，裁员 4.7 万人，希望能转亏为盈。[43] 此后为了避免死得太难堪，柯达在 2013 年依据美国《破产法》第十一章申请了破产。试图重新将自己定位为"商业图像公司服务市场，进行包装和图像处理"，[44] 柯达完全脱离了消费者图片行业，就好像 Kleenex 忽然不卖纸巾、可口可乐忽然退出碳酸饮料市场。柯达将自己的线上照片分享网站和《纽约时报》称为"皇冠上的宝石"[45] 的招牌数字图像专利出售给了硅谷的苹果、脸谱网、谷歌等蓄谋分食的秃鹫。[46] 一系列的自我切割之后，柯达公司所剩无几。2013 年 10 月，柯达只剩 8 500 名员工。[47] 游戏结束，柯达已死。

柯达或者说是柯达的尸体仍旧停留在罗彻斯特。开车兜了一阵之后，我找到了柯达的办公楼，位于市内旧工业区政府工厂街的岔路口，离游客中心不过几个街区。"柯达：全球总部"，一块平平无奇的招牌挂在这座 16 层大楼的外面。1914 年刚刚建成时，这座楼曾是罗彻斯特的最高建筑，它使用的工业建筑材料和旧金山市中心的马斯托工厂很像。不过它和改建而成的 5.8 万平方英尺的蓄电池俱乐部之间也就这点仅存的相似之处。这座前摩天大厦顶上，美国国旗无精打采地飘荡着。在工厂街的拐角，有一排已关门的商店。"桑达咖啡：就是有感觉"的褪色霓虹招牌挂在关了门的一家巴西餐馆外。"鲜花城市"，另一块废弃招牌，盖在了划掉的"珠宝"几个字上。这幅了无生机的工业生活场景能够让我写上 1 000 字，所以我把车停在了楼前空荡的车道上，拿着我的 iPhone 开始拍摄这片废墟。眼前的场景如此真实，我甚至不需打开相机的"怀旧"色调滤镜，我的这些业余照片就已经显得非常真实。我没拍多久，这个旧砖楼里就走出一个 20 世纪的保安，告诉我这里不能拍照。我悲伤地笑了。在"快照之城"不能拍照了，就像是在帕罗奥多不能发电子邮件、在底特律不能开车似的。

我回到了空无一人的游客中心那个老妇人跟前，她看到我眼前一亮。"伊斯曼之家那边有人在，"听我说了在创新大道附近没看到任何人的经历后，她说道，"那是人们来罗彻斯特唯一的原因。"

这对那些想要寻找柯达命运逻辑的人来说是个好理由。在罗彻斯特市中心几公里外，伊斯曼之家一片开阔的、枝叶繁茂的街道上，有一座俗气的建筑，四周都是鎏金工业时代磁铁一样的战利品小房子。由乔治·伊斯曼在1902—1904年兴建，1966年成为国家历史地标，藏有超过40万幅照片、2.3万卷胶卷、许多古老柯达相机的伊斯曼之家，现在是世界著名的摄影胶片博物馆。[48]

保罗·西蒙的《柯达克罗姆胶卷》歌词中唱到了不祥之兆，柯达不祥的命运清楚地写在伊斯曼之家的墙上。

博物馆入口一片白色的墙上是摄影历史的脉络。记录着从中国公元前5世纪开始，就有了第一台捕捉光的工具。墙上的时间脉络包括了1826年针孔相机创作的第一幅照片，柯达1900年第一次引入了为孩子设计的大众照相机。蒂姆·伯纳斯·李1992年第一次正式提出拟定互联网协议，2004年柯达决定停止生产相机，以及3 800亿幅照片，世界上11%的照片都是在2011年拍摄的。[49]

时间线止步于2012年的4条记录，它们可以总结为一条——"真正的创造性破坏"：

- 伊士曼柯达公司按《破产法》第十一章申请破产。
- Instagram拥有超过1 400万用户，收录了10亿张照片。
- Flickr上的照片超过60亿张。
- 脸谱网上的照片超过5 000亿张。

时间线到这里就结束了。罗彻斯特和柯达确实结束了。Flickr和脸谱网等硅谷的大锤已经将罗彻斯特击成了碎片。柯达经济已经被脸谱网经济以5 000亿张免费照片替代了。伊斯曼之家作为即将消失的模拟工业的纪念已经成为博物馆。人们现在参观罗彻斯特只是来怀旧地看看过去，而不是展望未来。

被时代抛弃的人

"那又怎么样呢？"对于柯达被 Instagram、Flickr、脸谱网等网络公司篡位，汤姆·珀金斯这样激进的破坏辩护者必会如此问道。罗彻斯特的悲剧，在他们看来就等同于西岸创业者的机遇，这些宿命论者会提醒我们怀旧就是勒德分子的纵容。不祥之兆提醒着我们。

在某种程度上，他们当然是对的。不论好坏，技术的变化，尤其是我们身处的数字时代的创造性破坏，几乎成了必然。保罗·西蒙自己曾带着复杂遗憾的语气对我说："我反对 Web 2.0 就跟反抗自己的死亡一样。"他说网络对音乐行业带来的破坏就像飓风，将传统的厂牌和唱片的经济价值都一下掀翻。[50] "我们都要拥抱 Web 2.0，"西蒙对我预言道，"不论喜不喜欢，该发生的总会发生。"[51]

"不会再有什么柯达一刻了。133 年了，这家公司已经走到了尽头。"柯达执行官唐·斯特里克兰，没能成功鼓励公司领军数字相机，并在 2013 年走到了尽头。[52] "柯达陷入的不仅仅是技术风暴，也是社会经济变革。"罗伯特·伯利，一个记录柯达衰落的加拿大摄影师补充道。[53]

没有什么能够长久。柯达的悲剧至少可以被部分地视为一个曾经不可一世的垄断者、工业时代的谷歌跟不上数字革命的寓言故事。是的，柯达没能成为数字摄影的领军者，虽然实际上这家公司在1975年发明了数字相机。[54] 是的，柯达符合哈佛商学院教授克莱顿·克里斯坦森在2011年富有影响力的解释商业为何失败的书《创新者的窘境》[55] 中所说的，被现任者破坏的旧有商业模式。是的，执行官一系列短视的作为没能改造柯达，令这个在20世纪90年代还位列世界最有价值前五的公司品牌，[56] 现在成了失败的同义词。的确，罗彻斯特的悲剧就是其他地方的经济机会，特别是对杰夫·贝佐斯等西岸的企业家来说。贝佐斯甚至将克里斯坦森的《创新者的窘境》列为所有亚马逊执行官的必读书目。[57]

"旺盛的新发展需要的或许是一把大火，但那是长远而言，"保罗·西蒙跟我讲起了互联网对音乐唱片和摄影等创造性行业的破坏性影响，"短期来说，唯一显而易见的就是破坏。"但如果破坏不仅是长期的，还是我们25年数字经济的决定性特点呢？如果罗彻斯特的悲剧是我们共同的未来——一场全球科技、社会、经济变革的预告呢？

欢迎来到被约书亚·库伯·拉莫（《时代》杂志的前执行主编）称为"不可思议的时代"。一个互联网的时代，拉莫说："维持旧想法是致命的。"[58] 无中心领导的个人组织成了传染病，完全取代了可预见性和线性。这个时代的破坏力完全超乎任何人的想象。克莱顿·克里斯坦森的"创新者的窘境"理论本身——破坏者循环有序地替代它们的前任，实际上已经被 21 世纪早期的数字资本主义更具破坏力的理论替代。

克里斯坦森的想法已经被拉里·唐斯和保罗·努内斯等商业畅销书作家彻底改造，变成"创造者的灾难"。"你所知的所有关于策略和创新的事都是错的。"面对现今完全混乱的经济，唐斯和努内斯这样警示道。[59] 2014 年，在《大爆炸式创新》(*Big Bang Disruption*) [60] 一书中，他们将经济的破坏性描述成比创造力更有破坏力。

这个世界，在他们看来，用约瑟夫·熊彼特的话说是"连年的创造性破坏大风"升级成了五级飓风。谷歌、优步、脸谱网、Instagram 等有着"黑洞"破坏力的企业，"它们给创新者制造的不是窘境，而是灾难。"[61] 唐斯和努内斯提醒道。发生在柯达身上的就是这种标准的灾难——310 亿美元资产、14.5 万名雇员的公司，用他们的话说在硅谷的飓风中，"先是一步步，然后突然间"[62] 破产。

"整座城市失去了中心。"[63] 杰森·法拉戈在描述柯达的破产对罗彻斯特的影响时说。但数字风暴的灾难式影响更加全球化，在互联网时代的今天，我们整个社会的中心都被这场技术、社会、经济变革的"完美风暴"破坏了。工业时代的 20 世纪，虽然从各个方面而言并不完美，但它拥有乔治·帕克在《纽约时报》上所说的"罗斯福共和国"的"伟大均衡"。[64] 对于汤姆·珀金斯等强硬的新自由派而言，帕克的"伟大均衡"可能会引发社会主义者的反乌托邦。然而对于那些没有足球场那么大、价值1.3亿美元的游艇，不那么富有的人来说，原来的世界自有一个经济和文化中心，一个充满工作和各种机会的中间之地。

工业时代末期，20世纪下半叶是中产阶级时代，帕克说，"州立大学、分级税制、州际公路、集体议价、老年医疗保险、可靠的新闻媒体"[65]等构成了过去的世界。哈佛大学经济学家克劳迪娅·戈尔丁和劳伦斯·卡茨认为，那是一个劳动力的"黄金时代"，越来越多的技术工人赢得了"知识和技术间的竞技"，成为工业经济的核心。[66]当然，这个世界里还有公众出资建立的美国国防部高级研究计划局、兰德公司、国家科学基金会网络等机构，这些机构为建立互联网等有价值的新技术提供了投资和机遇。

然而这个时代已经穷途末路了。正如红杉资本董事长迈克尔·莫里茨提醒我们的那样，今日的信息经济中，精英和普通人的不平等是空前的，就像一个没有中心的甜甜圈。莫里茨将两个数据的变化视为是"血腥的"。1968—2013年，美国的平均工资（考虑通货膨胀）从10.70美元减少到了7.25美元，而平均家庭收入中位数，在这四十五年间，甚至不考虑通货膨胀，就已经从43 868美元上涨到了52 726美元。[67]

在《纽约时报》专栏作家大卫·布鲁克斯看来，这种不平等代表了资本主义"自大萧条以来面临的巨大道德危机"。[68]这场危机体现在两个数据中，布鲁克斯说："第一，脸谱网 2014 年 2 月，斥资 190 亿美元收购只有 55 名员工的即时消息网络软件 WhatsApp，令 WhatsApp 的每名雇员都拥有了 3.45 亿美元身家；第二，自 1970 年以来，60% 中产阶级收入占美国经济份额从 53% 下降到了 45%。"互联网经济"产生了拥有极少雇员却出产价值极高的公司"。布鲁克斯说，这场危机"大多数工人没能看到和他们工作水平相同的收入增长"[69]。

2013 年，乔治·帕克在他赢得国家图书奖的著作 *The Unwinding* 一书中，曾为 20 世纪伟大社会的逝去默哀。他的"新美国"已经被财富和机会不平等的不断加深腐蚀。书中，帕克重点讲述了硅谷亿万身家的互联网企业家、自由主义者彼得·蒂尔。

蒂尔和埃隆·马斯克一起建立了网络支付服务商"贝宝"。在西恩·帕克（纳普斯特和脸谱网的创始人兼总裁）将蒂尔介绍给马克·扎克伯格后，蒂尔对脸谱网的注资，令他成了亿万富翁。蒂尔住在一个"1 万平方英尺的白色婚礼蛋糕公寓里"[70]，房子比蓄电池俱乐部稍小，但风格也是俗气华丽。他奢靡的房子和晚宴成了旧金山上层的神话：印制的菜单，蒂尔"盖茨比"式的不定期亲身到访，还有除了围裙什么都不穿的侍者。隐居的蒂尔将自己打造成了一个半神话式的人物，像是盖茨比、霍华德·休斯、反派邦德，一个开着法拉利、斯坦福毕业的道德哲学家、象棋天才，同时又是身家数十亿美元的投资人，走到哪里身后都跟着"金发黑衣的两个女助手，身着白色西服的管家和一个每天给他准备混合芹菜、甜菜、羽衣甘蓝、姜的健康饮料的厨师"[71]。

然而我们又不能简单地把彼得·蒂尔视作一个有钱的怪物。实际上，他是汤姆·珀金斯更有钱、更聪明的强大升级版——是和兰德·保罗、泰德·克鲁兹一样的美国激进自由主义的主要资助人。彼得·蒂尔拥有一切——头脑、魅力、远见、理解力、领导力样样不缺，除了对于不如他成功的人的同情。在这个帕克 *The Unwinding* 一书中所说的越来越不平等的美国，蒂尔毫不动摇地一心追寻艾恩·兰德的激进自由市场哲学。对于正在重塑美国的不平等实质，兰德毫无羞耻地为之欢呼。

"作为一个自由论者，"帕克说，"蒂尔对美国成为一个人们不能依赖旧机构、不能生活在长久安全的环境中、不能看清自己身处何地又去向何处的地方而感到高兴。"[72] 蒂尔当然也会喜欢当今这个不可思议的时代，这个遵循旧想法会致命的时代。罗彻斯特这种旧日工业城市的悲哀命运，甚至更加令人悲哀的由于柯达破产，5 万名失去养老金的退休人员的命运，对他来说应该也没什么难以接受。

那又如何呢？这或许就是蒂尔想对那些为柯达工作了一辈子却失去养老金的贫穷工人说的话。那又如何呢？这个坐拥数十亿美元，跟着黑衣女助手、白大衣管家和厨师的富豪，对于在当今的自由时代，21 世纪互联网资本主义令 20 世纪经济生活中心坍塌的可能，也许会做出类似的反应。

你要小心

当然，将社会中心崩坏的原因全部推给互联网是荒谬的。然而，现代社会中的互联网经济还混合了硅谷的深渊。罗伯特·弗兰克和菲利浦·库克在《赢者通吃》一书中第一次提到了互联网对社会公平的腐蚀效果。在那之前，技术革新一直被认为是对社会有利的。范内瓦·布什在 1945 年写给罗斯福的《科学永远的前线》报告中，理所应当地认为科学技术的不断发展进步会带来更多的工作和普遍的繁荣。罗伯特·索罗，这位 1987 年凭借一项证明了在进步的经济中，劳动力和资本长远来看所得回报类似的研究，赢得诺贝尔经济学奖的麻省理工学院经济学家，也沿袭了这种乐观主义。索罗大部分的研究都基于 20 世纪 40—60 年代的劳动力改革，不过他后来对于劳动力和资本在更多经济活动中是否能平等分成也产生了疑虑。1987 年在《纽约时报》的书评中索罗写了一篇名为《你要小心》的文章，他承认，他所谓的"可编程自动化"并没有提高生产率。"计算机时代随处可见，"他明确地说，"但只是在生产力数据中。"[73]

蒂莫西·诺亚是《大分流》（*The Great Divergence*）一书的作者。《大分流》讲述了美国不断加深的不平等。诺亚认为计算机技术确实带来了就业，但这只是对"拥有娴熟高级技术的工人"来说，对"一般技术的中产阶级工人"来说，数字革命对就业起着破坏性影响。[74]加利福尼亚大学伯克利分校经济学家，同时也是颇有影响力的博主——布拉德福德·德朗则暗示信息技术在法律、医学等传统技术行业中的作用越大，行业的工作机会就会越少。[75] 芝加哥大学商学院经济学家劳卡斯·卡拉巴宝尼斯和布伦特·奈曼发现，20 世纪 70 年代中叶以来，全世界工人的收入配额都在减少。[76] 与此同时，三位加拿大经济学家——保罗·博德里、大卫·格伦以及本杰明·桑德，在中产阶级工作中发现了类似的收入骤降现象。麻省理工学院的大卫·奥特尔、东北大学的安德鲁·萨姆，经济政策研究所主席拉里·米舍尔等人的研究中都显现出了这种不乐观的发展局面。[77]

许多人对于技术对劳动力"黄金时代"的破坏性影响都有类似的顾虑。乔治梅森大学经济学家泰勒·考恩，2013 年在《再见，平庸世代》（*Average is Over*）一书中提出，现代社会的巨大经济"分水岭"出现在技术可以"补足计算机"的工人和不能补足计算机的工人之间。考恩强调了一个"惊人的现实"，过去的 40 年间，人们的工资下降了 28%。[78] 他认为"超精英社会"中的分水岭是蓄电池俱乐部成员亿万富翁席恩·帕克和旧金山流浪汉的区别，这个社会中大概"10%—15% 的公民极其富有，生活舒适刺激"[79]。考恩的观点和弗兰克、库克《赢者通吃》一书中的很多观点类似，他认为网络会演变为超级明星经济，"魅力超凡的"老师、律师、医生以及其他各种奇才，身后跟着各色追随者。[80] 考恩肯定社会上会有越来越多类似"女佣、车夫、园丁"的人为彼得·蒂尔这样的富有企业家"服务"。

封建的新型经济并非只是一种比喻。查普曼大学的地理学家乔尔·科特金将他所谓的"新封建主义"划分了阶级，包括"寡头"亿万富翁蒂尔和特拉维斯·卡兰尼克等人，"知识分子"媒体评论员凯文·凯利，"新农奴"贫穷的工人和失业者，还有自由民，旧日的"私有企业中产阶级"，罗彻斯特等地受到"赢者通吃"网络社会影响的职业技术工人。[81]

倍受尊敬的麻省理工学院经济学家埃里克·布林约尔松、安德鲁·麦卡菲对于"第二次机器时代"中"杰出的技术"持有保守的乐观态度。他们承认在当今"赢者通吃"的时代，网络社会正在制造无数的"明星和超级明星"。这是一种网络效应，像弗兰克和库克所说的那样，是"电子通信的重大进步"以及"信息商品服务数字化"的结果。

诺贝尔奖获得者，普林斯顿经济学家保罗·克鲁格曼也在"技术对劳动力的影响"中看到了"十分黑暗的画面"。20世纪后半叶，克鲁格曼写道，工人和工人争抢资源。从"大约2000年"开始，"工人的饼迅速缩小了"，这种现象在美国和其他地方都出现了，工人成了"破坏性"新技术的受害者。[82] 这一幕曾经发生过，克鲁格曼提醒道。2013年在《纽约时报》专栏一篇名为《同情勒德分子①》的文章中，克鲁格曼提到了18世纪末期英国羊毛工业中心约克郡利兹的服装工人和可以代替人力的机器间的斗

---

① 勒德分子（Luddite）：19世纪初英国手工业中参加捣毁机器、强烈反对机械化或自动化的人。——译者注

争。克鲁格曼同情这种斗争，他称之为中产阶级在生活受到机器
死亡威胁时的反抗。

一些人觉得克鲁格曼不过是对回不去的世界的一种勒德式怀
恋，然而怀旧之情不仅仅是勒德分子独有的，我们或许又多了一
个为柯达一刻默哀的理由。

第四章

个人革命

Instagram 的迅速崛起

2010 年夏天，身高 6.7 英尺的硅谷企业家凯文·斯特罗姆和女朋友妮科尔·许茨一起到墨西哥巴扎半岛一个嬉皮士聚集地度假。那里活跃着太平洋沿岸为数不多仍旧洋溢着 20 世纪 60 年代反主流文化气氛的复古艺术社群，是一个让人能重新认识自己的地方。27 岁的斯特罗姆虽然毕业于斯坦福大学，又在谷歌工作了 3 年，却觉得自己活得很失败。

斯特罗姆从新英格兰来到西部的硅谷，这个用他的话说"让人快速致富"[1]的地方。不过他还没有暴富，没有招摇的别墅，没有庞巴迪私人飞机，毕业于被《福布斯》称为"亿万富翁制造器"[2]斯坦福大学的斯特罗姆甚至还坐不起很多同学已经觉得没什么了不起的"优步直升机"。不仅如此，斯特罗姆还两次错过了不可多得的机会，先是 2005 年拒绝了马克·扎克伯格为社交网站脸谱网[3]设计照片分享服务的邀约，然后又错过了去杰克·多尔西的旧金山创业公司 Odeo——后来的推特实习的机会。

"简直好极了……我错过了推特和脸谱网的机会。"斯特罗姆后来承认说。⁴

斯特罗姆来巴扎寻找的不仅仅是如何让自己不再错过机会，还有如何打造自己事业的答案。2010 年夏天，他已经在安德森·霍洛维茨基金的支持下创建了 Burbn（一款线上签到软件），却苦于不知如何把它打造得跟 Foursquare 不同，后者已经占领了市场，为几百万用户提供成熟的线上签到服务，向其他人公告自己的具体位置。因此，跟许多耳熟能详的硅谷创业故事一样，斯特罗姆需要一个"彻底的转折点"。Burbn 实在不怎么成功。他的模仿创业项目需要助力并打散重组。

斯特罗姆做起了图片生意。在马萨诸塞的米德尔塞克斯私立学校上高中的时候，斯特罗姆就是学校摄影俱乐部主席，他一直很喜欢拍照。在斯坦福大学念本科的时候，他还专门去意大利佛罗伦萨学习了一学期摄影，从那时候开始他喜欢上了能给照片添加温暖、模糊效果的滤镜和巴扎半岛的嬉皮士聚集地类似的怀旧复古美。

斯特罗姆的重点就是把 Burbn 改造成一款摄影社交分享应用，一款融合 Flickr、Foursquare 和脸谱网特点，专门针对移动设备的产品。2010 年夏天，他在墨西哥海边取得了重大突破。他们沿着太平洋手拉着手漫步，"完美的推销员"斯特罗姆向妮科尔说起了围绕手机相片建立社交网络的想法。妮科尔反驳说，要分享手机照片的话，她对自己的拍照技巧不是很有信心。斯特罗姆忽然灵光一现，就此从错过脸谱网和推特的失败者变成了下一个迈克尔·安德森。

"要是这款应用带有滤镜会如何呢？"斯特罗姆这样想。如果用户能使用应用里的效果把照片变得温暖、发亮，或有点偏暗，制造出一种舒服熟悉的复古效果，会不会让完全没天赋的摄影者也能愿意和朋友分享照片？如果这种个性化的技术设计能和个人移动设备紧密相融，用户有没有可能不仅仅信任这款社交应用，甚至产生拥有这款应用的冲动？

斯特罗姆由内而外受到了深刻的启发。《福布斯》杂志形容那个瞬间重现了吉米·巴菲特听到"Margaritaville"时的感觉，"他整个下午躺在吊床上，身边放着冰镇的墨西哥啤酒莫德罗，飞快地在笔记本电脑上打字，研究设计Instagram的第一款滤镜"。

Instagram 和 Instagram 照片就这样诞生了，斯特罗姆挪用了柯达的宣传语"柯达一刻"，将之称为"Instagram 一刻"，并给这些滤镜起名叫作"X-Pro II、Hefe、Toaster"等，这款免费的应用迅速走红。Instagram 的规模和增长速度都十分惊人，2.5 万人于 2010 年 10 月 6 日（Instagram 在 iPhone 应用商店上架的第一天）进行了下载。仅仅一个月后，斯特罗姆的 Instagram 就有了 100 万用户。2012 年年初，就像伊斯曼之家墙上写的那样，Instagram 已经拥有了 1 400 万用户和 10 亿张照片。当年 4 月，凯文·斯特罗姆在推特 CEO 杰克·多尔西和马克·扎克伯格间选择了后者，同意了脸谱网 10 亿美元的收购，当时他的公司不但没有创造任何收入甚至没有营收模式。[5] 那些都不重要。仅仅 6 个月后，Instagram 的用户就飙升至 1 亿，用户上传图片的数量达到了 50 亿。2012 年 11 月末的感恩节期间，美国每一秒钟都有用户上传 200 张照片到 Instagram 上。[6] 2013 年春天，正当柯达举步维艰地试图摆脱破产的命运时，斯特罗姆的移动网络上已经有了 160 亿张照片，每天都有来自 1.5 亿用户上传的超过 5 500 万张照片。[7] 2013 年年底，皮尤研究中心（Pew Research Center）的调查显示，Instagram 和脸谱网、领英、Pinterest、推特一起成为美国最受欢迎的 5 个社交应用软件。[8] 更了不起的是，2003 年，Instagram 和脸谱网的使用时间相加占到了美国移动终端用户使用时间的 26%。[9] Instagram 23% 的增长率不仅使它成为当年增长速度最快的应用程序，也是当年增长速度最快的社交网络。[10]

这是一场文化革命。伦敦《观察者报》的艾娃·威斯曼将"Instagram 一刻"如何把自己塑造成为网络一代的平行现实的过程描述为"我吃、我睡、我聊、我吃，但从始至终，故事都还有另外一条线索在酝酿发酵。我的朋友们每句话开头都是在 Instagram 上"。

凯文·斯特罗姆的生意起步了。他再不能说自己是个失败者了。他成了"赢者通吃"经济中的明星、蓄电池俱乐部的创始成员之一。脸谱网的收购令他迅速获得了大约 5 亿美元的收入，相当于镀金时代柯达乔治·伊斯曼的财富。和 19 世纪末伊斯曼的创业企业柯达类似，斯特罗姆 21 世纪的照片社交网络也在人们的日常生活中留下了深深的痕迹。"Instagram 一刻"就这样代替了"柯达一刻",对于他在墨西哥海边吊床上一天的努力来说,收到的回报太值得了。

粉丝经济

Instagram 带来的好处对于我们这些人来说和 Instagram 的滤镜效果一样并不清晰。斯特罗姆说:"Instagram 致力于捕捉生活的每一刻。"[11] 这听起来有点虚幻。与细节锐利、低噪点的柯达克罗姆胶卷不同,Instagram 的价值就在于它的"噪点设计",《纽约时报》的亚历克斯·威廉姆斯说:"它的存在就是为了让人看起来更年轻漂亮、更上镜。"[12]

先前断言"相机不会撒谎"的人一定没用过 Instagram。如果说柯达克罗姆胶卷的设计是无限忠诚于现实,Instagram 就完全相反,萨拉·妮科尔·普里克特在《纽约时报》上写道,一个"草都更绿一些"的地方。[13] 这就是 Instagram 最大的魅力。Instagram 并不能准确捕捉世界的瑰丽色彩,"这个网络偷窥癖的最高产物"在亚历克斯·威廉姆斯看来是一个"用来窥探你邻居生活的应用软件"[14]。普里克特说,其实不过是制造了威廉姆斯引用诺曼·梅勒 1959 年的一本书的书名所表达的"自己的广告"[15]。

"自己的广告"已经成为避无可避的媒介,红杉资本董事长迈克尔·莫里茨将这些信息称为个人革命。"这个世界已经被社交媒体用户间无处不在的个人广告的竞赛占据了。"吴修铭（Tim Wu）讽刺地说。[16] 网络上的自恋情绪，像《自恋流行病》（*The Narcissism Epidemic*）合著者基思·坎贝尔说的那样，正是"DIY（自己动手做）资本主义——一个我们每个人都拥有'品牌生意'，做自己的'代理'和'营销部门'的资本主义——的合理副产品"[17]。难怪《时代周刊》将"你"选为 2006 年年度人物。"是的，你，"杂志宣布道，"你控制着信息时代，欢迎来到你的世界。"[18]

与此同时，在 Instagram 上，我们似乎回到了吴修铭所说的"品牌竞赛"和坎贝尔的"DIY 资本主义"的黑暗时代。我们在凯文·斯特罗姆的产品上数十亿的照片令我们和我们自恋的先人一样无知。的确，唯一比 Instagram 滤镜更加复古的就是那种 Instagram、脸谱网、推特所推崇的前哥白尼时代的信念，这个新兴的社交网络宇宙是围绕我们运转的。模糊的技术似乎也模糊了我们对宇宙间自我定位的感觉。在现今的"Instagram 一刻"文化中，名人，至少是名人的幻想，似乎彻底民主化了。

Instagram 实际展示了硅谷"失败教"的反面。在类似 Instagram 的社交媒体上，数百万失败者声称自己是富有的名人。"我们的时代名人多如牛毛。"乔治·帕克说，在他看来，我们当今对名人的迷恋正是愈演愈烈的经济不平等文化的一部分。"名人现在似乎看起来越来越多，"他接着说道，"但现在正是不平激增，人们对政府、公司、学校、媒体丧失信任的时候。"[19]

帕克说得很对。真相正是 Instagram、推特、脸谱网等容易使用的免费工具误导我们产生了自己是名人的想法。在这个赢者通吃的网络经济时代中，被人关注仍旧是超级巨星的专利。普通不复存在，尤其是对名人来说。2014 年年初，金·卡戴珊在 Instagram 上的粉丝达到了 1 000 万，但是她仅仅关注了 85 个人；贾斯汀·比伯（当时 Instagram 上最大的红人）有将近 1 100 万粉丝，却没有关注任何人。我们看到的不是文化平等，而是乔尔·科特金所说的新封建主义现象，卡戴珊、比伯等自恋贵族因而得以收获大批忠实的偷窥大军。

社交的繁荣与群体性孤独

社交网络当然并非当今我们文化中自恋、窥私情节盛行的全部原因。正如美国著名心理学家琼·特文格、基思·坎贝尔、伊莱亚斯·阿布贾乌德表明的，当今我们对公共自我表述的迷恋有着复杂的文化、科技、心理原因，并非全部来源于数字革命。[20] 的确，特文格和坎贝尔的《自恋流行病》一书出版于 2009 年，早于斯特罗姆在墨西哥海滩灵光一现之前。

大卫·布鲁克斯说，当下粗俗、不克制成为流行文化象征着伟大社会的又一个根本转折，过去，文化代表着节制和谦逊。"如果你从今天回到 1945 年，对于网络时代的个人主义，"布鲁克斯说，"你看到的是跨过自恋界限的文化新篇章。"[21]

自恋的界限不仅被 Instagram 打破了，推特、汤博乐、脸谱网以及其他无数类似的社交网络、应用软件都有以自我为中心的幻觉。一个由创新者的灾难主宰的经济，包括 WhatsApp、微信、Snapchat 等照片分享软件（新型社交应用）都在挑战着 Instagram 的统治地位。2013 年 11 月，Snapchat 拒绝了来自脸谱网超过 30 亿美元的收购案。[22] 等你读到这里时，肯定又已经有了新的挑战，比如 Snapchat、WhatsApp、微信等更具破坏性的新产品。

不过对于我们来说，Instagram（不论是否一直是网络时代的"次要情节"）是数字文化在过去的 25 年里最明显的问题。"我更新，所以我存在。"我曾经开玩笑地描写由我们迷恋社交媒体而造成的两难局面。[23] 不幸的是，推特和 Instagram 的发帖证明我们的存在已经不是一个可笑的想法。《金融时报》的高塔姆·马尔卡尼提醒我们小心这种自拍照文化，"如果没有想法能发推特、没有照片能发帖，我们基本就不存在了"[24]。被《纽约时报》专栏作家查尔斯·布洛称为"自我（自拍）一代"的千禧世代，18—33 岁的人群比此前的人群对他人的信任感低也就不足为奇了。2014 年皮尤研究中心的一份报告显示，只有 19% 的千禧一代愿意相信他人，这个比例在 20 世纪六七十年代"失落的一代"中是 31%，在战后生育高峰的一代中是 40%。[25] 说到底，如果不发 Instagram，我们都不相信自己的存在，还能相信谁呢？

"在社交网络时代，自拍是一种新的直接对别人说'你好，这就是我'的方式。"迷恋 Instagram 的美国影星詹姆斯·弗兰科对《纽约时报》坦言。[26] 乏味的富二代在 Instagram 上标榜"比你有钱的人做这些事"的照片，在葬礼上的自拍照，[27] 交友网站上在柏林大屠杀纪念馆前的照片，[28] "在奥斯维辛的自拍"，布鲁克林的"大桥姑娘"[29]（她在一个人自杀的时候跟他合了张影[30]）的照片，还有法院针对弗兰科在 Instagram 上和未成年少女调情的指控，[31] 种种无耻的自拍照已经成了我们重要的表达方式，甚至成了这个电子时代里人存在的证明。总统、首相甚至主教都发布过和教皇弗朗西斯在圣彼得教堂里的自拍合照。[32]

自拍的定义是，一个人自己用手机、摄像头拍摄，再上传到社交网络上。这个词成了 2013 年《牛津英文词典》年度词汇丝毫不足为奇，一年中"自拍"这个词的使用率增加了 17 000%。[33] 英国 14—21 岁的年轻人上传到 Instagram 的 50% 的照片是自拍照，他们中很多人以此将自己的生活具体化。[34]

"自拍很多时候就是搬起石头砸自己的脚。"高塔姆·马尔卡尼这样评论奥巴马和卡梅伦 2013 年 12 月在曼德拉葬礼上的自拍。不幸的是，不论是奥巴马、弗兰科，还是另外 1.5 亿个喜欢在凯文·斯特罗姆的应用上发自拍的人，他们用快照伤害的不仅仅是自己。这些"个人广告"之于我们实际是种尴尬，是过去 25 年间"个人革命"的合理总结，一切都沦为个人的自我迷恋，和个人直接、紧密相关。

你好，这就是我们。Instagram 代表了全人类。我不喜欢看到这些。

事情原本不是这样的。互联网，应该像商人凯文·斯特罗姆和无私的预言家史蒂文·约翰逊[35]口中承诺的，将会"捕捉世界的每一刻"，创建地球村，令每一个人都更开放、进步、充满智慧。恋旧的预言家、《经济学人》博学的数字科技编辑汤姆·斯丹迪奇甚至认为网络将会让我们的思维更加接近古代民主的先人——罗马人。斯丹迪奇 2013 年在《不祥之兆》(*Writing on the Wall*)[36] 这本令人气愤的书中说："历史在转发自己的推特。"而诸如脸谱网、推特、Instagram 等社交网络正在将我们改造成"西塞罗网络"的传人。[37] 然而 Instagram "纯粹的窥私主义"，亚历克斯·威廉姆斯说，鼓励人们"创造个人生活艺术杂志版面"，每个人都好似戴安娜·弗里兰。[38] 这实在无法说是西塞罗主义。禁欲的斯多葛学派共和党人西塞罗会怎么看 Instagram 上富二代少年的法拉利快照"这样拉皮条"，怎么看"爬行动物"的鞋子收藏，又或是那张有钱年轻女人将头埋在香奈儿和爱马仕包中间的照片？[39]

斯丹迪奇所谓的早有凶兆可能确实没错。不过如果历史真的在"转发自己的推特"，那一定是以希腊自恋神话的形式。尼古拉斯·卡尔 2011 年入围普利策奖的《浅薄》(*The Shallows*)一书中，有一个著名的观点，他认为网络缩短了我们集中注意力的时间，让人的头脑变得很少集中、更加肤浅。[40] 这有可能是真的。然而个人革命确实让我们更加囿于狭小的空间，不知世事。一边是 Instagram 帮助我们拍不诚实的个人广告照片，一边是谷歌等搜索引擎提供针对我们的网站链接，再次加深我们自己关于世界的错误观点。伊莱·帕里泽（MoveOn.org 的前董事长）将这种个性化算法的回声室效应描述成"筛选泡沫"[41]。互联网有可能是一个村落，帕里泽说，不过一定跟全球没有关系。麻省理工学院 2013 年的研究也证明了这一点。研究发现绝大部分的网络和移动电话通信发生在家附近 100 英里内的地方。[42] 然而现实中的网络可能比麻省理工学院的报告中所说的更加以自拍为中心。超过 1/4 的手机使用情况是浏览脸谱网和 Instagram，现在的网络交流主要发生在脸和手机的几百毫米之间。人们仍彼此交流才是真正奇怪的事。不过真相是，在这个所谓的"社交"网络上，我们大多数时候只是在和自己说话。麻省理工学院教授雪莉·特克在她 2011 年的畅销书中将这一现象描述为"群体性孤独"，巧妙简洁地对网络进行了一番描述：越是社交，越是与人联系、沟通、合作，我们就越感受到孤独。

诚然，自恋的空虚是种悲哀，出于恐惧而制造存在感更为不幸，Instagram 最大的问题却并不在文化因素。自拍文化是巨大的谎言，然而创造数十亿美元暴利，致使成千上万人失业的自拍文化经济才是更大的谎言。从柯达到 Instagram，就业数量、工资、利润等可计量领域的转变才是最令人不安的部分。

隐私边界与数据原罪

"个人的即政治的"是 20 世纪 60 年代反文化运动的自由口号。然而,当下的个人革命仅与金钱和财富有关。我们的这个数字时代,个人的即经济的,并不涉及自由的概念。

正如柯达的悲剧摧毁了罗彻斯特的经济核心,互联网正在毁灭我们旧日的工业经济,将曾经相对机会均等的系统变成了泰勒·考恩所说的"亿万富翁和乞丐"两极化的"赢者通吃"社会。失去核心的并非一个城市,而是全体社会经济。社会并非如硅谷所说的产生了更多平等的机会和财富分配,而是变成了一个中间有巨洞的多纳圈,巨洞吞噬了上百万在过去的工业时代从事生产有价值商品的工人。

经济的不平等反映了 Instagram 的封建之处,贾斯汀·比伯坐拥 1 100 万人的关注,自己却谁都没有关注。随之而来的就是,麻省理工学院经济学家安德鲁·麦卡菲和埃里克·布林约尔松所说的"明星与超级明星"经济。这种新型数字经济正是过去 25 年以来,人们的生活越来越艰难的原因。也解释了为什么互联网或者至少现行的 Instagram、谷歌、推特、Yelp 等互联网公司的运营模式并非 21 世纪网络时代建立公平经济的理想平台。

与不诚实的自拍经济相比,柯达工业经济的规则就和柯达胶片的质感一样透明。迈克尔·莫里茨认为在他所说的工业革命"第二阶段",美国东北部的底特律、匹兹堡、罗彻斯特等城市中，工厂和消费者是"隔离的"[43]。正如工人和消费者之间明显的界限，他们的经济角色也划分得十分清晰：工人通过劳动换取金钱收入，消费者付出金钱交换柯达的产品。"你按下快门，剩下的看我们"，这中间包括研发、生产他们的产品，运输、零售到达消费者手中，然而"剩下的"需要金钱和劳动力的巨大投入。这是旧工业经济的核心，柯达创造了巨大的价值，因此在25年前市值310亿美元。所以1989年，14.5万名柯达非工会工人在罗彻斯特大大小小的实验设施、照片实验室以及工厂中发明、生产后来销售给顾客的产品。正如Instagram是一款反柯达产品，这家反柯达公司正在建立反柯达经济。首先，Instagram似乎比柯达给出了更好的条件。罗彻斯特灰色的工厂已经变成了一座墨西哥式的嬉皮士度假村。一个瘦高的家伙躺在太平洋边的吊床上，受到女友的启发，发明了一个了不起的照片分享应用。两个月后，这款免费应用上线供人们下载。3年后，这个价值数十亿美元的应用软件成了1.5亿用户生活的"第二条线索"，一个时代的网民"前言"都写着"同时在Instagram上"。"软件，"正如马克·安德森所鼓吹的，"正在吞噬世界。"[44]

每个人都获利了。1.5亿人不可能同时犯错，是不是？

事实并非如此。"然而有一个问题。"詹姆斯·索罗维基在2013年刊登在《纽约客》上的一篇《全国国内免费品》的文章中就Instagram经济提出了警告。这个问题确实非常严重。"数字化并不需要很多工人：你有一个想法，设计一个软件，就可以轻松地让几千万人了解。"索罗维基解释道,"这和物质产品有着本质的区别,后者需要更多的劳动力参与生产和销售。"[45]

Instagram 很好地解释了索罗维基说的问题。软件可能在侵蚀世界,同时在"大口吞噬"工作机会。凯文·斯特罗姆灵光一现时,他的 Burbn 只有一个巴西裔斯坦福研究生合伙人——迈克·克里格。他们一起编写了最开始的 Instagram 软件,并发布到苹果商店。甚至直到 2012 年 4 月脸谱网以 10 亿美元收购 Instagram 时,Instagram 也只是在旧金山有一家小办公室和 13 名全职员工的小公司。

是的,不是我打错了。当脸谱网以 10 亿美元收购 Instagram 时,Instagram 确实只有 13 名全职员工。与此同时,柯达在罗彻斯特关闭了 13 家工厂、130 个照片实验室,解雇了 4.7 万名员工。自拍经济的受害者并非只有柯达员工。职业摄影师也同样深受其害。2000—2012 年,在照片变得比文字"更性感",人们每年拍摄亿万张照片的今天,职业摄影师、艺术家、美国报社摄影师的数量从 6 171 人减少到 3 493 人,减少了 43%。[46] 所以到底是谁在为 Instagram,这家只有 13 名员工的公司卖命呢?

我们——1.5 亿新快照王国的使用者。凯文·斯特罗姆创造的是我们新数字经济中的精髓部分——数据工厂。与旧工业时代罗彻斯特市中心工厂不同的是,21 世纪的工厂和自拍照一样无处不在,只要有网络设备的地方就是工厂。你可能正是用这样的设备在读本书。你的口袋或是桌子上十之八九有这样的设备。正是我们在这些设备上的劳动，不断地转推、发帖、搜索、更新、评论、发表观点、拍照创造着网络经济的价值。

当然，以极少的劳动力建立巨型商业的不仅仅是 Instagram。脸谱网在 2014 年 2 月还花费 190 亿美元收购了旧金山的即时消息平台 WhatsApp。2013 年 12 月，WhatsApp 已经处理了 540 亿条来自 4.5 亿用户的信息，而其公司管理服务的员工只有 55 人。"美国经济最大的问题就是 WhatsApp。"罗伯特·里奇（克林顿时期的劳工部长）这样评价这个不提供任何就业岗位，却构成了数字市场赢者通吃经济中重要部分的服务。[47]

这是我们所谓的技术发达的数字时代最大的讽刺之一。与工业经济不同，技术的质量在当下是次要的。脸谱网和推特在竞标收购 Instagram 时，它们并不是想要凯文·斯特罗姆廉价、速成的摄影滤镜，或者斯特罗姆和迈克·克里格只用了几个月编写的程序代码。它们花钱收购的是你和我。它们想要我们——我们的劳动、生产力、网络、可能会有的创造力。出于同样的原因，2013 年 5 月，雅虎出资 11 亿美元收购了拥有 3 亿用户、178 名员工的微博网络汤博乐；脸谱网 2013 年 11 月提出用 30 亿美元收购只有 30 名员工的照片分享应用 Snapchat。[48]

这也是为什么埃文·斯皮格尔（Snapchat 23 岁的 CEO）拒绝了脸谱网 30 亿美元收购自己仅有 30 人的创业公司。是的，真是这样，他真的拒绝了 30 亿美元收购他年仅 2 岁的创业公司。然而，埃文·斯皮格尔的小型应用软件公司 6 个月后又开始了与中国互联网巨头阿里巴巴之间新一轮的摊牌，据说这次的估值是100 亿美元。[49] 这家公司并非看起来那么小型。它几乎拥有英国25%、挪威 50% 的"活跃"手机用户。[50]

数据工厂正在吞食世界。它创造了埃文·斯皮格尔、凯文·斯特罗姆，以及汤博乐 27 岁的 CEO 大卫·卡普等男孩富豪集团，却丝毫没有让我们其他人富裕起来。你看，我们在提高谷歌智能、脸谱网内容以及 Snapchat 照片数量上的劳动没有得到任何报酬。完全没有，除了我们可以免费试用这些软件之外。

"过去可不是这样的。"TechCrunch 在谈到我们新型的数据工厂时写道，"过去为了获得利润，需要公司付出很多，雇用大量的员工在现实的工厂中缝纫布料或制造汽车。人们为了工资而工作，为了产品而花钱购买，但技术改变了这一切。"[51]

是的，技术已经真的改变了一切。一些人认为这或许对于旧工业时代的工人阶级不利，对于用户却是有好处的。虽然用户的劳动没有得到回报，但是他们享用了谷歌搜索引擎、推特的时间线、Yelp 的餐厅评价、YouTube 的视频等免费产品。他们认为，在这个所谓的注意力经济中，这些服务也给了我们一个可以被看到，成为福特汉姆大学教授爱丽丝·马威克所说的社交媒体时代的"小名人"的机会。[52]

"维基百科对读者来说是极好的，对于编写百科全书的人来说却糟透了。"《纽约客》的索罗维基说。[53] 不过真的是这样吗？以 Instagram 为例，斯特罗姆的免费照片应用软件对于柯达工人、职业摄影师来说"糟透了",但对于我们来说就是"极好的"吗?

Instagram 身处现今科技、社会、经济变革风暴的中心。弗兰科等"成瘾"用户可以用 Instagram 向 150 万粉丝发布"你好,这就是我"的照片。个性化定制的、易于使用的应用满足了我们的自恋情绪和窥私癖,鼓励我们说谎。然而,除了是一款虚假反映世界的工具之外,Instagram 也在向我们推销一个巨大的谎言。它试图令我们相信这个富有诱惑力的想法——我们拥有这个技术产品,它是我们的。

然而问题是,我们什么都没有,技术、利润甚至"我们的"数十亿张照片都不真正属于我们。我们免费为数据工厂打工,而 Instagram 收获的不仅仅是他们的商业利润,还有我们的劳动成果。2012 年 12 月,在 Instagram 对"服务条款"做了一番有争议的修改后,凯文·斯特罗姆不得不高声否认他试图向第三方销售用户的照片和数据。[54] 然而到底谁真正拥有 Instagram 上的内容还是和 Instagram 上的照片效果一样模糊不清。2013 年 7 月,美国媒体摄影师协会(ASMP)在它的白皮书中提到,大多数 Instagram 用户并不"理解多大程度上他们放弃了自己的权利"。报告中还说,公司麻烦的使用条款让 Instagram 能够永远使用应用中发布的照片和视频,并拥有几乎不受限制的向任何第三方授权图像的权利。[55]

在硅谷百万美元资金的支持下,Instagram 免费应用的所有意义不过就是通过开发用户数据赚钱。Instagram 的商业模式和谷歌、脸谱网、雅虎、推特、Snapchat 以及其他成功的互联网公司一样，是建立在 2013 年 11 月的策略——广告的基础上的。为了"交换"使用软件的权利，我们发布在 Instagram 上的照片越来越多地展现了我们的品位、动向和朋友。这个应用软件是相机镜头的反面。这是脸谱网斥资 10 亿美元收购斯特罗姆的产品的原因。"你好，这就是我"经济远比詹姆斯·弗兰科想象的更加以自拍照为中心。我们以为自己在通过 Instagram 观察世界，其实自己就是被观察的对象。我们越多地展现自己，对于广告商来说我们就越有价值。因此，举个例子，如果我将柯达罗彻斯特世界总部的照片发布到 Instagram 上，这个应用就会通过 iPhone 手机上的定位数据，向我推送酒店的打折信息，或者更有可能，鉴于罗彻斯特的就业状况，应用可能会向我推送罗彻斯特就业中心的信息。像它的母公司脸谱网已经开始做的那样，Instagram 甚至可能最终会将我的照片放入广告，或者将照片作为我帖子里某个产品、某项服务的支持。然而这些完全都没有获得我的许可，甚至我可能都不知道它们的存在。

这是数据工厂经济中最让人头疼的漏洞。免费，你明白了吧，哪有什么是免费的！ Instagram 最大的欺骗，就是将我们对自己的爱用于最黑暗、扭曲的经济中。这是我在上本书《数字眩晕》（*Digital Vertigo*）中提到的"噩梦般的结论"，这同时也是我对希区柯克 1958 年关于 private eye 成为一场蓄谋已久谋杀受害者的电影的致敬。它创造了一个超现实的经济，我们不仅仅是网络产品的创造者，同时也是产品。个人革命比我们很多人想象的更加个人化。数据工厂的核心经济价值就是从免费的劳动力身上获取个人信息。就像希区柯克的一部黑暗电影，"你"——无辜的旁观者，甚至任何人，都是这些我们不了解也无法控制的事件的受害者。

从社交媒体网络推特、脸谱网到世界第二有价值的公司谷歌，个人信息的开发正是"大数据"经济的引擎。这些试图非常近距离了解我们的公司，都是为了将我们打包，"在我们不知道的情况下"，重新卖给广告商。贪图个人数据正是麻省理工学院民主媒体中心主任、弹窗广告投资人伊桑·朱克曼所说的万维网的"原罪"——一场"惨败"。朱克曼认为这令互联网创业公司免费提供产品，从而"深入监视世界"。"很显然我们输惨了，"对于自己和其他互联网先锋的"良好意图"，朱克曼不无挖苦地说，"我来提醒你们一下，我们想做的是勇敢而高尚的事情。"[56]

朱克曼引自《圣经》的比喻准确地描述了互联网魅力的衰减。设计初衷是团结世界的脸谱网，由于严重涉嫌在广告中使用儿童肖像，陷入了和美国隐私权、消费权益，儿童机构以及家长之间的严肃法律分歧，电影制作人安妮·伦纳德等希望借此保护孩子不被恶意地利用。"你全家忽然看到一个广告的时候，或许根本不会意识到。孩子也不会，除非比起状态更新，他更喜欢看纸版，"伦纳德2014年写道，"然而并不像马克·扎克伯格所说的那样，自拍照和受赞助的帖子没有什么区别。"[57]

说起"界线"和"原罪"，拥有搜索、Gmail、Google+ 网络、YouTube 视频等一系列免费产品的谷歌是最复杂的大数据公司，它一方面宣称自己是无私的非营利机构，一方面大量剥削无辜的用户。谷歌已经将我们的发帖和照片融入了广告，这些广告显示网络中的 200 万个网站能让 10 亿人看到。谷歌的初衷和脸谱网一样，无疑是好的，现在却在毫不夸张地把我们变成陈列式广告。我们不仅仅是经济中的免费产品，同样也是谷歌广告的展板。曾经，公司雇人在街上走来走去，带着所谓的显示广告的三明治板。现在我们免费了。

正如谷歌首席执行官埃里克·施密特 2007 年对《金融时报》坦白的那样，谷歌希望比我们更了解我们，告诉我们一天可以做些什么。[58] "我们知道你在哪儿，也知道你去过什么地方。"施密特 2010 年 9 月对《大西洋月刊》编辑詹姆斯·贝内特这样说道，"我们大体上能知道你们想的事情。"[59] 这就是为什么谷歌 2014 年愿意花 5 亿美元创建人工智能公司——DeepMind。《信息公司》的阿米尔·埃弗拉蒂说："让计算机像人一样思考。"[60] 像人一样思考，让大脑中的点相连，谷歌最终就会拥有我们。通过拥有我们，包括渴望、意愿、工作目标，以及最重要的消费习惯等，谷歌将会拥有整个互联的未来。

硅谷知情人、技术批评家雅龙·拉尼尔则认为"未来会是我们的剧院"[61]。但数据工厂经济带来的问题是我们变成了在别人剧院里上映的电影。我们并没有像真正的名人那样收到报酬。无怪拉尼尔想念过去乐观对待未来的时代。

我也向往未来。为了重新探索对未来的热情，我需要从 25 年前伦敦苏荷区伯威克街开始讲起。

第五章

丰盛的灾难

我在英国长大，不是来自温斯顿·丘吉尔绅士专属俱乐部，或生活着贵族和兴高采烈得不真实的仆人的唐顿庄园乡下。我的英国不是怀旧的古装剧，而是伦敦。伦敦的苏荷区——伦敦西端几平方英里的一片区域，那里不仅仅是这个城市时尚产业的历史中心，也是独立电影、音乐产业的中心。

　　作为一个生活在 20 世纪六七十年代的伦敦的孩子，我看过比《唐顿庄园》这种电视剧有意思得多的娱乐节目。我家在苏荷区边缘地带开了一个卖布料的商店，所以少年时代有幸长时间游荡在众多俱乐部、咖啡厅、唱片店以及其他一些成人娱乐场所。那是英国唱片产业辉煌的年代，那个时代的伦敦整体极具创造力，苏荷区更甚，至少在我眼中，那就是创意世界的中心。甲壳虫乐队、滚石乐队、吉米·亨德里克斯、皇后乐队、艾尔顿·约翰、大卫·鲍威都在苏荷区类似 Marquee 俱乐部这样的地方演出过，并在三叉戟工作室灌制过唱片。埃里克·克拉普顿、性手枪乐队还在那里生活过一段时间。奇想乐队 20 世纪 70 年代的热门"萝拉"的背景就是苏荷区一家富于冒险精神的性俱乐部。

　　我家的"法伯织物"店就在欧洲最繁华的商业街牛津街和

伯威克街的街角，沿着伯威克街再往前就是有着许多脱衣舞俱乐部、按摩店的"旧苏荷"的所在地。伯威克街对于我家的过去意义重大。20世纪初，我来自波兰普沃茨克的祖父、移民企业家维克多·法伯在那里开了第一家店。在那个时代，不论是贵族还是仆人，都是自己缝制衣服。开始他贩卖羊毛和丝绸，每天将这些商品从伦敦的最东边运到伯威克街市场，卖给动手制作成衣的裁缝。然后他的生意有了实体店，第一家就是在伯威克街尽头，之后起名叫"法伯织物"，当时是伦敦牛津街最有名的织物零售商之一。现在维克多·法伯的名字还刻在伯威克街的墙上。伯威克街12号现在是一家制作流行网剧的创意中心，门外的大理石墙上依然可以看到"V.法伯和孩子们"的字样，提醒人们曾经存在过的那个制造业经济，一个靠手工而非工厂大规模制衣的时代。

与蓄电池街和罗彻斯特工厂街过去25年的起起伏伏不同，苏荷区伯威克街的命运在1989年之后并没有什么巨大的变化。仿佛你1989年在伯威克街上漫步，闭上眼睡上25年，醒来再重走一遍这半英里，见到的第一眼至少看来并没有什么不同。这条拥堵不堪的街上还是充满着各种商店、俱乐部、酒吧、饭馆；客人既有游客，也有不少在苏荷区媒体和时尚公司上班的员工。街的南端，还是那个热闹的露天市场，商贩们高声叫卖水果、蔬菜、鲜花以及便宜的小玩意。

然而，如果你仔细打量，伯威克街在过去25年间确实发生了许多变化。1989年蒂姆·伯纳斯·李刚刚发明网络时，伯威克街还是著名的"黑胶唱片黄金英里",有着 20 多家门类不同的唱片商店,蓝草音乐、雷鬼、电子、浩室、灵魂、疯克、爵士、经典音乐不一而足。它们大多诞生于索尼和飞利浦推出 CD(激光唱片)格式之后,最早的一家是 1984 年的"雷克里斯唱片",这家备受欢迎的唱片店 5 年后还在芝加哥开了一家分店。

那时正是媒体的黄金时代。1989 年,伯威克街不仅仅是《独立报》所说的英国最大的唱片店聚集地[1],它也是伦敦独立音乐的本源。伯威克街可能没有阿比大街(圣约翰伍德街,印在甲壳虫 1969 年同名唱片封面上的伦敦街道)出名,可也算是相差无几。伯威克街还有一张类似阿比大街的照片成为绿洲乐队 *What's the Story, Morning Glory?* 这张专辑的封面。这张专辑 1995 年 10 月一经面世便创造了英国音乐史上销量最好的唱片之一的纪录,在牛津街的"主人之声"唱片超市里每分钟卖出两张。[2] 而今,"主人之声"唱片超市和"黑胶唱片黄金英里"都已经不复存在,"雷克里斯唱片"的橱窗里还怀旧地摆放着 *What's the Story, Morning Glory?* 专辑的封面。然而 2014 年,伯威克街上仅剩下四五家唱片店了,旧日的风光不再。"黑胶唱片黄金英里"和"维克多·法伯"以及他的匠人服装经济都已经成为历史。

作为一个狂热的音乐收藏者,20 世纪 80 年代的时候我花了许多时间在伯威克街上溜达。"买,卖,交易"写在各个商店的玻璃窗上。这是我了解稀有创意商品的开始。商人在"黑胶唱片黄金英里"卖有价值的音乐唱片,密纹唱片版的 *What's the Story,*

Morning Glory?，又或是奇想乐队 7 英寸唱片版的《萝拉》，就和我祖父在伯威克街市场卖值钱的羊毛和丝绸一样。价格由需求决定，越是稀有的产品、买家需求大的产品价格越高。如果你觉得价格不合理，可以去下一家，那是个完美的市场。

同时那也是完美的文化体验。《连线》的前主编克里斯·安德森提出了形容网络上可能会出现的自产文化产品极大丰富现象的"长尾理论"。不过伯威克街，苏荷区的这条小街道是音乐多元化真正的长尾，在安德森提出这个理论之前很多年就已经出现了。如果你在"黑胶唱片黄金英里"或其他店里努力寻找，你总能找到最模糊奇怪的唱片。如果你不确定要找什么，店里的真人，而不是算法，总会回答你的问题，向你推荐。这些真人并非永远正确，但他们更有可能产生奇思妙想，而不会像算法只能通过购买历史向我们推荐买过的东西。

1989 年，我常去苏荷区，不仅仅去买卖音乐，也去见一些在创立唱片、开俱乐部、做星探或者管理年轻艺术家的朋友。我也和很多那个时代的人一样，想要进入音乐界。雅龙·拉尼尔把未来叫作剧场。但在 25 年前的我看来，未来更像是音乐厅，而我很想坐到前排。

25 年前唱片产业的未来看起来和苏荷区的文化经济一样丰富。"永远完美的声音。"飞利浦和索尼这样夸自己的 CD 技术。而这种新技术的确开启了新厂牌、流派、艺术家和听众的黄金时代。技术似乎既是创意商品，也是商品发展的动力。每个人都在将自己的黑胶唱片换成这种更加方便、听起来声音更加干净的CD。20 世纪 80 年代对于唱片业来说收获颇丰，同时也创造了众多工作岗位和投资机会。"主人之声"甚至投资了牛津街上世界最大的音乐商店，鲍勃·吉尔道夫 1986 年 10 月建的一家三层、6 万平方英尺，吸引了"成千上万人"的大楼，令欧洲的主要商业街关了门。[3]

在那时看来，音乐产业的前景比我家族的时尚织物生意的悲惨命运不知好了多少。我家的生意在 20 世纪 80 年代中期由于快速变革的技术和时尚破产了。牛津街上一个成衣裙子店代替了原来的法伯织物。女人似乎再也没有时间和心思自己做衣服了，尤其当市场上已经有了琳琅满目的廉价成衣之后。我妈妈从来都没有从祖父生意破产的阴影中走出来，只能到百货商店里找了一份挣钱不多的销售助理工作。而我父亲在朋友给他介绍文职工作之前，只是一个出租车司机。

1989 年，一切都已经注定了。对于音乐和时装业都是如此，至少那时看起来是那样的。

创业狂潮

我的网络生涯开始于 1996 年夏天，大约是网景上市一年之后。我住在旧金山，在《Fi：音乐声音》杂志做广告销售。杂志是由拉里·凯创办的。凯是个有钱的音乐发烧友，还是 IHOP

（International House of Pancakes restaurant chain）的前主席，杂志雇用了很多杰出的音乐写手——拉里·吉丁斯、艾伦·科赞、弗雷德·卡普兰以及罗伯特·克里斯戈等来打造凯期待的音乐评论界的《纽约客》。

不过凯1996年夏天叫我到他办公室时并不是为了讨论音乐。他是个穿西装、打领带的老派生意人，在蓄电池俱乐部肯定会被认为是不受欢迎的人。那时，凯还不会用计算机，更别说使用网景浏览器了。当想要跟杂志的流行写手交流时，他甚至会让秘书写电子邮件。不过这并不妨碍他在1996年和旧金山的其他人一样讨论网络。

凯拿着一份报纸朝我摇晃。上面一篇文章的标题写着《2.0商业》，内容就是那种令人屏息的福音式文章——"新经济，新规则"这类20世纪90年代中期把互联网写成魔法世界，旧经济的"买卖交换"规则都不再适用的应许之地的文章。文中称有着无限储存空间、无限营业时间、无限国际跨度的网络将会带来改变一切的无限潜能。文章借用了软件开发商2.0式的语言将经济也描绘成了软件。经济被想象成身处不断升级循环中，总有更新版本面市，类似在线应用软件。

这种对数字进步的解读对于老派的商人拉里·凯来说无疑太奇怪了。"2.0商业，"他边说边摇头，"到底是什么意思？"

1996年夏天的旧金山，除了拉里·凯这类"1.0商业"时代的旧人，几乎人人都笃信网络经济的未来。没人真能理解"2.0

商业"的福音到底意味着什么，但都被它似乎无限的希望吸引着。

我尤其如此。为了回答他的问题，我抛出了那时关于网络经济潜力的整套标准废话。我解释了网络在内容传播中是多么"互动""无阻力"，大型媒体公司会被灵活的小型网络公司"去媒介化"。套用网络理想主义者约翰·佩里·巴洛的话，我信誓旦旦地对杂志出版人保证："信息想要自由。"虽然我并无证据证明信息本身有想要解放自己的判断力。首先，我把网络说成是一个虚拟的苏荷区。网络会制造"丰盛的"文化经济，我许诺道。每个人最终都能根据自己的选择聆听、观看或阅读想要的音乐、照片和文章。

这番话开启了我的互联网生涯。拉里·凯命我负责制定杂志社的网络策略。几天之后，他把我叫到办公室。凯发家致富靠的是向饥饿的美国人卖乳酪烤薄饼，所以对网络不稳定的经济状况仍然感到困惑。

"这个 2.0 商业，"他疑惑地看着我问道，就好像他错过了什么非常重要的事，"我们怎么通过它赚钱？"

这回我成了互联网经济的专家（至少在理论上）。"广告。"我解释说，将我在苏荷区学到的"买，卖，交易"原则都忘在了脑后，"所有的收入，拉里，都会来自广告。"

在那个时代想成为互联网专家并不难，特别只是在理论上。在 20 世纪 90 年代中期第一轮互联网淘金潮期间，除了亚马逊，没人在网上卖任何东西，甚至没人卖广告。传统产业的"买，卖，交易"原则被"赠送"经济取代了。核心就是把你的内容放在网络上，给人们想要的一切。读者被称为"网站的访客"，被看作圣杯。每个人都认为访客越多，收入就会越多。网站访客数量最终会带来广告收益被视为是理所当然的，一种像相信圣诞老人、网络货车一样的信仰。所有人当时都在做圣诞老人。每一家网站都是如此——从网景、《纽约时报》到雅虎都在免费向"顾客"提供网络产品。那是赠品经济——都是赠品，没有经济。每一天都好像是圣诞节。

克里斯·安德森后来还写了一本书支持这种"经济"，书名叫作：《免费：商业的未来》（*Free: The Future of a Radical Price*）[①]，不过书商还是理智地给书标了价，每本 26.99 美元。毋庸置疑，安德森通过售卖蛊惑人心的废话获得了不错的回报，这本书的预付金达到 50 万美元，而它写的却是劝导作家朋友们在网络上免费赠送他们的创意之作来构建自己的品牌。

几个月后，我已经完全中了创业的病毒，离开了杂志社转而去创建自己的互联网公司："声音咖啡"。这种病毒极易感染，尤其旧金山的空气中激荡着那么多的创业资金。但是，互联网看起来确实像答案。我对投资人许诺，互联网已经"改变了所有"关于音乐产业的事情。我解释说，互联网创建了音乐全球传播平

[①]　此书中文版已由中信出版社出版。——编者注

台，让乐队能够自己录制发行自己的创意作品，彻底改革了商品化的形式。更重要的是，通过把原子变成二进制数字，互联网摆脱了稀缺性，让音乐变得无穷无尽、不受限制、丰盛充沛。伯威克街上的唱片店只能放下有限数量的 CD 和黑胶唱片，但是网站在理论上可以存放下世界上所有的音乐。因此"声音咖啡"的设计就是一个线上苏荷俱乐部和商店的结合，一个人们可以阅读评论、听音乐，与音乐家交流的地方。我们没有什么收入，但是确实赢得了点击量。

"广告"是当初我向所有投资人保证的收入来源。讽刺的是，我在摆脱了杂志广告销售的工作之后，作为互联网创业企业的 CEO，重新成为一名广告销售员。区别只是互联网广告销售比纸媒广告销售难很多。20 世纪 90 年代末的互联网并不是 2.0 商业，而是 0.02 商业。用当时 NBC 环球的 CEO 杰夫·祖克尔的话说，卖线上广告"就像用模拟的美元交换数字便士"。[4]

只有运气很好的时候，才能从不大相信新媒体价值的广告商手里拿到钱。

免费经济的冲击

1999 年秋天的一个下午，我接到一家新杂志《2.0 商业》的一个记者打来的电话。"你了解纳普斯特吗？"她问道，"它颠覆了游戏规则吗？"

它不仅仅"颠覆了游戏规则",纳普斯特实在是"游戏破坏者"。它是网络的原罪,网络圣诞老人经济的合理结论,"顾客"被当作被宠坏的孩子享受着无限的免费产品供应。《纽约时报》的媒体专栏作家大卫·卡尔将这称作"不劳而获"经济。[5] 肖恩·范宁和西恩·帕克 1999 年建立了纳普斯特,提供被委婉地称为一对一音乐分享的服务,范宁和帕克将克里斯·安德森关于免费商品的建议发挥到了极致。纳普斯特不仅仅提供自己的免费商品,还免费提供他人的商品。纳普斯特和特拉维斯·卡兰尼克的 Scour,以及后来的盗版商业 Megaupload、Rapidshare、Pirate Bay 等一起组成了伪装成"分享经济"的网络盗贼联盟。唯一丰富的就是无处不在的线上盗窃内容,尤其是盗版音乐唱片。

过去的 15 年间,线上盗版大规模流行。2011 年美国商会出资起草的一份报告估计,每年盗版网站的访问量都在 530 亿次。[6] 仅 2013 年 1 月,NetNames 分析师估计就有 4.32 亿互联网用户在搜索侵权内容。[7] 2010 年,尼尔森报告称有 25% 的欧洲网络用户每月访问盗版网站。[8] 英国知识产权办公室 2012 年的一项研究发现,1/6 的英国网络用户长期非法在线看视频或者下载内容。[9]

这种"丰盛"对音乐产业产生了尤其灾难性的影响。20 世纪 90 年代末,范宁和帕克创办纳普斯特之前,全球音乐 CD、唱片、卡带的销售总额达到了 380 亿美元,仅在美国的销量就接近 150 亿美元。现在,虽然有一些正版的在线销售网络,比如 iTunes 和在线视频网络 Spotify,但全球音乐产业收入下降了一半还多,仅为 150 亿美元，美国销量则在 60 亿美元左右。[10]数字销售对阻止下滑没有什么太大的帮助。事实上，2013 年数字销售额本身还下降了 6%。[11]

难怪伯威克街上 75% 的黑胶唱片店自 1990 年以来都陆续关张。世界最大的音乐商店——伦敦牛津街上的"主人之音"在 2014 年最终关门停业，这又让我们多了一个不为互联网的 25 周年感到高兴的理由。[12]

深受盗版困扰的不仅仅是音乐产业。2014 年上线的 Popcorn Time，是电影版的纳普斯特，提供分散的点对点在线盗版视频观看。网站看起来就像是奈飞（Netflix）的网站，并有 32 个翻译语言版本，一位分析人士称这对于电影产业来说如"噩梦一般"[13]。生活在布宜诺斯艾利斯的 Popcorn Time 网站创始人声称建立网站是为了向顾客提供便利的服务。然而 Popcorn Time 从 Hulu 和奈飞抢来的订阅者越多，电影制作人能用来投资的资源就会越少。而且，随着我们越多地使用类似 Popcorn Time 这样的点对点技术，电影院就会变得越空。2013 年，《多样性》（*Variety*）调查显示，18—24 岁买票看电影的人数减少了 21%。[14]随着 Popcorn Time 的流行，观影人数还将继续剧烈减少。

在线盗版对工作机会和经济增长的实际消耗是非常巨大的。伦敦国际唱片业协会 2011 年的一份报告显示，到 2015 年，欧洲音乐、电影、出版、摄影行业中大约 120 万个工作岗位会受在线盗版影响而消失，2008—2015 年的收入损失合计达到 2 400 亿美元。[15] 大规模盗窃削减的工作机会显而易见。例如，2008 年法国的一家公司——TERA 咨询公司一项针对盗版对欧洲创意经济影响的研究显示，有 18.5 万份工作、100 亿欧元收入被盗版摧毁了。[16] 而这还仅仅是在欧洲，仅仅是 2008 年。情况从那时开始不断恶化。2002—2012 年，美国劳工统计局的报告显示，专业音乐家从业人数减少了 45%，从 5 万人减少到了 3 万人。[17]

人们对在线盗版最大的误解就是认为它不过是无伤大雅的玩笑。电子前线基金会创始人、妄想症唯心论者约翰·佩里·巴洛等人在网络上对信息自由的赞美，早已脱离了现实。[18] 2014 年，从事在线盗版的比特流等点对点门户网站，主要靠偷来的内容取得大部分广告收益。电子公民联盟的一份报告经过对超过 500 家贩卖盗版产品网站的仔细考察，发现这些网站 2013 年产生了 2.27 亿美元的广告收入，其中最大的 30 家网站年广告收入达 440 万美元。[19]

对创意团体的"经济强奸"最显而易见的获益者就是这些犯罪者自己，比如新西兰的金·达康（Kim Dotcom）——Megaupload 的策划。Megaupload 网站高峰时有注册用户 1.8 亿，占互联网流量的 4%。通过释放他人的信息让达康变成了富人。"我不是强盗，我是发明家。"身高 180 厘米、体重 200 多斤的达康在 2014 年说这句话的时候并没解释他的免费盗版分享平台 Megaupload 是如何让他能够买得起新西兰乡下 1 500 万美元唐顿庄园式的大房子的。[20] 然而谋杀了音乐唱片工业的不仅仅是从事盗版的金·达康等人，问题在于网络仍是赠予经济，内容或者免费，或者过于便宜令当下音乐家、作家、摄影师、电影人的生计难以维系。罗伯特·莱文 [《告示牌》(*Billboard's*) 杂志的前执行主编，2011 年的优秀图书《搭便车》(*Free Ride*) 的作者] 认为"网络真正的矛盾是投资了我们阅读、观看、倾听的娱乐业的媒体公司和想要或合法或非法传播其内容的科技公司之间的矛盾"[21]。挣扎中手握昂贵的需要人支付的账单的娱乐业与以"信息想要自由"这一乌托邦理想为核心的互联网，二者之间的斗争在莱文看来正在"分解"网络。[22]

当下很多市值数十亿美元的互联网公司都是盗版之风的同谋。"免费的"社交网络，例如，脸谱网、推特、汤博乐、Instagram 等一直推动着无版权内容传播的发展。在"分享"经济之下，摄影产业极其脆弱，原因在于社交网络上的很多内容并非开放给一般公众，而只是在个体间分享，摄影师几乎无法阻止这种无授权内容的使用，甚至难以准确衡量这种非法活动。正如美国媒体摄影师协会所说，这个问题由于 Instagram、汤博乐、脸谱网甚少提醒其使用者不要非法分享图像而变得更加复杂。[23]

另外就是谷歌的问题。盗版的流行和谷歌成为最重要的网络风向与同时期广告公司的出现并非巧合。谷歌从盗版中获利丰厚也毋庸置疑。谷歌直接通过盗版网站上的广告页，以及间接地将盗版内容在搜索结果中排在靠前的位置，每年获利几百万甚至数十亿美元。在美国，2013 年美国电影协会支持的一项研究发现，谷歌对 82% 的侵权搜索负有责任。[24] 这一数字甚至超过 2014 年

3 月谷歌在美国 67.5% 的搜索市场占有率。[25] 在英国，谷歌对搜索市场的占有率达到了 91%。[26] 随着情况的恶化，2011 年英国文化部长杰里米·亨特提醒谷歌，除非它对侵权网站的搜索结果降级，否则英国将出台新的法律迫使谷歌降级。[27] 然而，即便谷歌 2013 年为此特别进行了算法改革，试图将盗版网站拒之门外，但美国唱片协会和《告示牌》的报道显示情况甚至更加恶化了。[28]

号称不作恶的谷歌，从 1998 年的创业公司变成 2014 年世界最有影响力公司的这些年，对很多职业创意艺术家来说就如同经历了一场浩劫。作为 YouTube 的所有者，谷歌已经被维亚康姆公司（Viacom）起诉"厚颜无耻"地侵犯版权。欧盟官员正在就其非法剽窃竞争对手网站的版权内容进行调查。摄影师和作家更是对"谷歌图书"的版权侵权提出过集体控告。[29] 德国总理默克尔甚至曾公开谴责谷歌试图建立巨型网络数字图书馆的行为，认为互联网应同样遵守版权法律。[30]

的确，谷歌资助了 YouTube，它和奈飞相加，占领了美国网络一半的通信量。YouTube 不是答案，特别是对那些独立音乐人来说。2014 年 6 月，YouTube 威胁将阿黛尔、北极猴子、杰克·怀特的音乐下架，除非他们和网站签署新一年的音乐订阅服务。[31] YouTube 对于几百万和谷歌"合作"赚取广告收益的职业视频制作人来说也不是答案。

谷歌要求获得所有"合作关系"中 45% 的收益，这使得这些小公司完全无法盈利，特别是在 YouTube 的广告率从 2012 年的每千次广告收看 9.35 美元下降到 2013 年每千次广告收看 7.6 美元之后。[32] 与此同时，YouTube 的特别合作商，2012 年每家获赠 100 万美元改善各自视频的制作公司，由于不满谷歌的贪婪开始反抗。其中一个洛杉矶的媒体企业家贾森·卡拉卡尼斯甚至写了一篇名为《我将不会再在 YouTube 农场工作》的博客，解释为什么"荒谬的 45%YouTube 税"是一种数字什一税①，令 YouTube 可以从所有独立制作内容中获取 45% 的广告收益，会最终不可避免地导致独立制片"死亡"。[33]

　　"免费的"谷歌搜索引擎或许从大规模税收抽成中变得富有了，然而"免费的"网络经济对于独立内容公司而言并非可行的经济模式。"这种经济中免费的感觉无处不在。"《纽约时报》记者大卫·卡尔警告道。[34] 杰夫·祖克尔所说的用实体美元换网络一分钱仍旧是网络的规则，甚至最受欢迎的网站都陷入了广告大师迈克尔·沃尔夫所说的"每千次印象费用"，不断下降的每千页浏览量令 Business Insider、Buzzfeed、Gawker 等最受欢迎的网站都充满担忧。沃尔夫说更多的浏览量并不代表广告收益的增加，他认为"数字难题"对于杰出的网络内容品牌来说是"获得浏览量的成本比收益还要多"。[35] 这个模式有致命的缺点，只有《赫芬顿邮报》或《福布斯》这种依靠免费的用户生产内容的网站，或者依靠线下会议订阅支撑非营利的线上内容的模式，才能

---

　　① 公元 6 世纪由教会征收的税种，遭到强烈反对仍然强制执行。——编者注

持续经营下去。

线上浏览量的确还是没有线下值钱，主要报纸实体版的广告费率是在线版的 10 倍。[36] 同样，线下的读者价值也高于线上的读者价值。据美国报业联盟估计，线下读者平均价值为 539 美元，线上仅为 26 美元。[37] 免费绝对不可能成为网络报纸的经济模式。举个例子，世界浏览量第三的新闻网站——伦敦的《卫报》，虽然抢得电话监听丑闻、斯诺登、维基解密等事件的首发，但是从 2010 年开始，《卫报》已经亏损了 1 亿英镑，仅 2012—2013 年就亏损了 5 000 万英镑。[38] 难怪《卫报》开始试验机器人生产名为 "#Open001" 的纸质版内容，用算法代替编辑来选择发表哪篇文章。[39]

然而机器人不能写出令《卫报》能区别于其他竞争对手的高质量新闻，因此面对巨额亏损，《卫报》的策略是在广告上下功夫。2014 年 2 月，《卫报》宣布开始新的与联合利华合作的 "品牌内容和创新中心"，向广告商销售赞助商内容。正如博主安德鲁·沙利文提醒的那样，这种 "天然的广告" 策略，实际是 "打着新闻旗号意图推广联合利华绿色公司形象"[40] 的公关活动。所以下次你在《卫报》上读到任何赞扬联合利华的内容，一定查一查纸版内容，那篇文章说不定出自联合利华市场部。

新闻行业大量职位被 "屠杀"，一片血雨腥风。美国报纸全职记者和作家的工作机会在 2003—2013 年，从 25 593 个下降到了 17 422 个。新闻从业人员减少了 31%，与此同时，广告收益减少了 55%，周订阅量下降了 47%，总收入下降了 35%，税前收入减少了 37%。[41]

这一时期，报纸编辑职位减少了 27%，摄像师的职位骤减了 43%。[42] 2013 年，情况毫无好转，微软的在线网络 MSN 裁掉了所有的编辑职位，彭博社以及伦敦的《独立报》解雇了所有的文化记者。除了美国和英国，其他地区的情况也不乐观。2013 年[43]，15% 的澳大利亚记者失去工作。经济不景气[44] 后，25% 的西班牙记者下岗。用《基督教科学箴言报》的话说，他们成了经济危机最大的受害群体。[45] 未来其他地方的记者也都将面临类似的情况。纽约大学富于洞察力的媒体学者克莱·舍基将新闻人面临的威胁称为毁灭性的，他预言在不久的将来，所有的报纸都将像柯达那样"逐步然后突然"倒闭。舍基将他的讣闻《最后的召唤》说成是"纸媒的终结"[46]。

最重要的是《卫报》所说的硅谷"最惊人的咒语"，它的"文化失败"已经在唱片业发生了。[47] 硅谷改造这一行业的最新尝试是合法的流订阅服务，Pandora、Rhapsody 以及现在最受欢迎的 Spotify。Spotify 就像一个虚拟的伯威克街，它的资金来自西恩·帕克和彼得·蒂尔的创始人基金，筹资额达到了 5 亿美元，2013 年年底的估价达到 40 亿美元。[48] 网站聚集了几乎世界上所有的音乐，免费提供 2 000 万首歌作为免费的广告辅助服务或者可以每月付费 5—10 美元浏览所有内容。虽然对于超过 4 000 万的非付费用户而言，Spotify 像是 2.0 版的"圣诞老人"，但是这个没有回报的订阅服务（至少在 2014 年年中）[49]，对于音乐人来说完全就是灾难。

与 YouTube 一样，Spotify 的问题在于它通过压榨创意人才来为消费者提供免费抑或价格低得不真实的内容。Spotify 或许已经成功集资近 5 亿美元，拥有近 1 000 万付费用户，但这些钱几乎完全没有给艺术家带来任何收益，平均每流只能给音乐人带来 6 美分的收益。大卫·伯恩，前传声头像乐队（Talking Heads）吉他手，认为网络公司剥削了全世界的创意内容。美国一个四人乐队想要挣最低工资 15 080 美元，他们的音乐就要在 Spotify 上取得 2 500 亿次播放量。[50] 电台司令（Radiohead）明星乐手，汤姆·约克说得更加直白，他抱怨说："在这种模式下，新艺术家都完蛋了。"与此同时，他将自己的个人歌曲和原子和平乐队（Atoms for Peace）的歌都从 Spotify 上撤下来了。[51] 并非只有伯恩和约克反对 Spotify 模式，艾美·曼、贝克、黑键、阿曼达·帕尔默、will.i.am、佐伊·基廷、平克·弗洛伊德等许多其他知名艺术家都曾公开对这种充满剥削的流服务表示过反对。[52]

问题并不仅仅存在于 Spotify。Pandora 等其他类似的流订阅服务都同样带有剥削的性质。举个例子，2012 年 11 月，获得格莱美提名的流行歌曲创作者埃伦·希普利的一支流行歌曲在 Pandora 上播放了 311.23 万次，而她只得到了 39.61 美元的收入。"Pandora 总是在说自己需要利润才能活下去，但是他们完全不在乎这些遍体鳞伤的创作者的命运，很多人都已经要放弃音乐了。"希普利在解释为什么 2000 年以来职业歌曲创作者数量减少了 45% 时，这样写道。[53]

与报业一样，免费或价格极低的流音乐让艺术家们不得不越来越多地依靠广告商业模式存活。正像大卫·卡尔所说的那样："在流世界里，音乐本身价值很低，出卖自己完全不会被人鄙夷，而是成了众人的目标。"在 2014 年"西南偏南音乐节"（SXSW）上，卡尔注意到一方面很难见到独立厂牌，一方面"大品牌成了艺人的集合点"，赞助了所有的顶级艺人。[54] SXSW 上的歌手都在为了晚饭唱歌。Jay-Z、坎耶·维斯特代表三星表演；酷玩乐队打着苹果 iTunes 的旗号；多力多滋玉米片赞助了 Lady Gaga。"她抹着烧烤酱，假装成烤猪，然后再咬一口赞助了她的玉米片。"[55]卡尔说，不过这也不能怪 Lady Gaga 或多力多滋。这是他戏称为"完美世界"带来的后果，"消费者希望音乐是他们想要的样子，又不想出什么价钱"。[56]

1989 年，我对音乐产业美好未来的想法完全是错的，大卫·伯恩才是对的。过去的 25 年间，互联网的确已经榨取了世界上大部分的音乐创意。仅仅 2008 年一年，英国创意经济就失去了 3.9 万个工作岗位。[57] 2014 年，年轻音乐人和企业家的未来相比 25 年前更糟。1989 年，人们都想要进入音乐界，然而如今，最新兴的是价值数十亿美元类似 Spotify 和 Pandora 的公司，它们正在摧毁独立音乐人的生计。

的确，互联网改变了音乐产业的一切。音乐产业现在已是明日黄花，这个灾难在过去的 25 年中逐渐成形。

第六章

1% 经济

数字革命

我见证过很多互联网对文化造成灾难性影响的例子。2005 年秋天的一个周末，我受邀参加 FOO 营地的活动。FOO，这个名字代表了我之前说的"奥莱利的朋友们"。就是爱讲"我是如何失败"了的奥莱利，拥有并运营着盈利的 Web 2.0 模因（meme），在推特上的自我介绍中谦虚地写着"帮助世界发展"的奥莱利。FOO 营地是奥莱利年度媒体聚会，这个媒体大鳄每年会邀请几百位硅谷反政府机构的极客，一起在加利福尼亚的索诺玛酒庄，庆祝互联网彻底扰乱世界。

正如迈克尔·波奇将蓄电池俱乐部包装成非俱乐部，FOO 营地也将自己描述成"非会议"——对网络"非机构"而言是一个理想的活动。实际上，这意味着这个营地完全没有活动规划，流程完全由参与者自我膨胀决定，不断重复。与互联网本身类似，FOO 营地唯一的规定就是没有规定。每个人都可以谈论任何他们想谈论的事。互联网自己的回音室文化造成了想法的不和谐和分歧。

FOO 营地中,"媒体"和"民族"这两个词已经被说得太多了。"媒体民主""媒体的民主化"这样的词汇已经被年轻的白人FOO 营地参与者说得让人一听就恶心了。他们的演讲用数字化时代的词来说,都是针对同一主题的变形。"什么能帮助我们建立数字时代更好的世界呢?"FOO 营地的每个人都这样问道。互联网就是答案,他们都认同这一点,因为它实现了媒体民主化,让每个人都能发声,世界变得更为多元。

而 FOO 营地的参与者们,硅谷的那些投资人、企业家、技术人员,最让人反感的一点就是他们出于自我利益将网络变为一个用户内容生产平台,却直接将此等同于造福公众。和众多革命者一样,他们不曾和任何人商量就将自己视为世人的解放者。FOO 营地其实没有任何"对谈"存在。不论提出的问题是什么,答案都是网络。

我就是在 FOO 营地意识到硅谷这些"非机构"的荒谬和虚伪的。2007 年,我就此写了《门外汉的崇拜:今日的互联网如何扼杀了我们的文化》(*The Cult of the Amateur: How Today's Internet Is Killing Our Culture*)一书,我的观点是,所谓的媒体"民主化"造福的其实只是少数技术人士而不是大众。20 世纪蓬勃兴旺的音乐、录像、出版经济被 YouTube 这种身家数十亿美元的寡头取代,在其平台宣传,创造者需要支付高得离谱的 45% 的封建什一税。《门外汉的崇拜》是在维护媒体的黄金时代,一个所有编辑、摄像、校对、声效、音乐家、作家、摄影师都有工资赚的经济社会。

有批评者指责我是"精英主义者",宣称我在维护职业记者、出版商、电影人等特权阶级。然而如果维护技术工人就是"精英主义者",那么这其实是对我的褒奖。另外,这些批评者似乎轻易就忘记了旧经济时代对数百万中产阶级工人幸福生活的重要性。他们忽略了一个事实,在欧盟,版权密集产业直接或间接地带来了 940 万个工作岗位,为欧盟每年 GDP 贡献将近 5 100 亿欧元。[1] 更没能考虑到 2011 年美国电视电影产业造就了 190 万个工作岗位,工资达 1 040 亿美元。[2] 总之,这些批评直接忘记了奥巴马总统任下的商务部长彭妮·普里茨克 2013 年曾对一屋纳什维尔的音乐主管们说:"我们现在不认为新音乐专辑是负债,它其实是资产,因为它创造了工作岗位,为来年带来了收益。"[3]

你可能记得,保罗·西蒙曾把 Web 2.0 形容为"一团火……充满了蓬勃的生长力"。[4] 2014 年,距离我参加 FOO 营地 12 年后,这团火产生的烟终于开始消散。可被西蒙视为数字化"毁灭"的大火仍在每个人身边燃烧。我们不是在前进而是在后退。我们看到的是前工业时期控制在极少经济文化精英手中而非市场民主手中的对文化和经济的重现,这不是什么"新增长"。

数字化在摧毁伯威克街的"黑胶唱片黄金一条街"以及罗彻斯特市中心柯达办公室和工厂的同时,也剔除了曾经提供了成千上万中产阶级工作岗位的创意经济的核心。这个甜甜圈型的赢者通吃经济正在重塑 21 世纪其余的部分。媒体中的均衡已经不复存在。硅谷一直将数字革命以及随之而来丰富的在线途径和内容塑造为人们从少数白人管控的媒体中解放的手段。然而其实正是互联网让这种不平等变得更加复杂化，加深了少数富人和其他人之间的鸿沟。

草根的大多数

Web 2.0 被认为能够为下层发声、令媒体民主化。的确，任何人都可以在推特、汤博乐、Pinterest 上发言。我们中的一些人甚至幸运地得到了别人的转发，拥有乔治·帕克这种旧日"时代名人丰碑"[5]好友。而且，确实，我们可以把想法发表在《赫芬顿邮报》上，把视频发布在 YouTube 上，把照片上传到 Instagram 上，把音乐链接到脸谱网上。然而这些年轻的作家、音乐家、摄影师、记者、电影人从任何这些活动中都无法赚钱。基本上这就是赠予经济，唯一的利益都被网络公司里不断增多的一小群人垄断了。

是的，有些成功的数字出版商付费给内容贡献者，例如，Buzzfeed，这个点击率很高，文章排成一排的新闻网站。2014 年，Buzzfeed 从安德森·霍洛维茨手中拿到 5 000 万美元资金。作家海瑟·赫里雷斯基将之描述为"美国琐事逃避主义的典范，充斥着大量没用的'废话'和'感叹'"。[6]确实，现在仍有创意行业超级明星——图书界有马尔科姆·格拉德威尔、J. K. 罗琳，音乐界有 Lady Gaga 和埃米纳姆，调查新闻界有格伦·格林沃尔德和安德鲁·沙利文。这些人通过能力挣钱。然而我们丰富的互联网经济中的国际巨星小团体和其他人之间的差距正在不断加大。哈佛商学院教授安妮塔·艾尔伯斯将这种经济定义为"大片"经济，而由于互联网的内容过剩，这种经济正变得更为夸张。"如今的市场中，由于互联网的存在，顾客可以轻松地获得无数选择，"她说，"大片策略的原则或许比曾经任何时候都有用。"[7]

"胜者为王。"面对这个被创意艺术家中的少数贵族统治的世界，罗伯特·弗兰克悲痛地说。[8]一切与克里斯·安德森有重大缺陷的长尾理论中那些怀旧的废话所说的正相反，中产阶级文化制造者都有合理收入的数字经济家庭手工业并不存在。网络的内容越丰富，少数热门就会取得越大的成功，而其他一切就会更为默默无闻。艾尔伯斯举过一个例子，2011 年 iTunes 商店里的 800 万唱片中，差不多 94%（750 万）只售出了不到 100 套，其中 32% 更是只售出了一套。"唱片经济的尾巴正变得越来越细。"艾尔伯斯对这个被越来越少的艺术家统治的音乐工业这样总结道。[9]

2013 年，上层 1% 音乐家的收入占到了所有唱片音乐艺术家收入的 77%，99% 的艺术家都生存在 2014 年一项名为《长尾之死》的工业报告中所说的"默默无闻地全面铺开"[10]的阴影下。一方面这是因为 iTunes、亚马逊等垄断的在线音乐销售平台，另一方面消费者被过剩的选择奴役了。现场音乐也同样体现出了不平等之处，1982—2003 年，上层 1% 人群的巡演收入翻了一倍，同期剩余 95% 的音乐家收入减少了一半还多。这些趋势正如《卫报》的赫莲娜·林沃德尔总结的那样，"不仅仅是一般意义的中产阶级缩水了，音乐中产阶级也缩水了"[11]。

数字革命中伤亡最惨重的就是多样性。现在所有文化的经济特点都被 1% 原则统治了。英国著名文学人才机构的 CEO，约翰尼·盖勒说，过去帕累托法则说的 80% 收入来自 20% 的作家，现在更像是"96% 来自 4%"[12]。与此同时，2014 年英国一项研究显示，54% 的传统出版作家和几乎 80% 的自费出版作家每年从出版的书中获得的收入低于 1 000 美元。[13]出版业 1% 经济中最大的受害者是"非重点新书"的消失。据纽约按需打印出版商 OR 及图书联合发行人科林·鲁宾逊说："这一类中包含了几乎所有不能畅销的书目。"[14]鲁宾逊的提醒意味着发行人不再能冒险出版晦涩或标新立异的书。因此，他们能够投资的年轻新书作家的选择也变得更为有限。

在线教育产业也受到了影响。明星老师能够立即拥有上百万学生，这个曾经最为平等的职业也产生了阶级分化。《世界上最聪明的孩子》①一书的作者，阿曼达·里普利介绍了"摇滚明星老师"这一新类型的老师，比如韩国的安德鲁·金，他每年能从 15 万网络听众身上赚 400 万美元。里普利解释说，金已经成功地

---

① 此书中文版已由中信出版社出版。——编者注

"将他的课堂变成了商品"[15]。现在MOOC的火爆也同样威胁到了大学教育。这也是2013年圣何塞州立大学哲学系拒绝使用来自哈佛学术明星迈克尔·桑德尔的材料的原因之一。[16]学术明星之一，普林斯顿大学社会学家米切尔·邓奈尔甚至断掉了和硅谷MOOC提供商Coursera的联系，因为他害怕这种赢者通吃的课程可能会破坏公共高等教育。[17]

教育家威廉·德雷谢维奇说："MOOC不是为了教育民主化，那只是表象。事实正相反，它们加深了现有的阶级分化，将机构的名声变成了钱。哈佛的孩子和他们的教授互动，圣何塞州立大学的孩子只能看哈佛的孩子和他们的教授互动。圣何塞州立大学看起来比以前任何时候都差劲，而哈佛看起来更好。"[18]

使用MOOC的学生类型也体现出了这种不平等。宾夕法尼亚大学的研究员在分析了40万Coursera使用者后发现其中大多数学生是男性。"关于MOOC，人们说了太多无国界、不分性别、阶级、经济能力这样的话，"科技记者杰西卡·麦肯齐写道，"然而MOOC其实正在加深教育差距的鸿沟，而不是在填平它。"[19]

这种不平等在网络新闻业中也显露无遗。在地方报纸大规模裁员的同时，内特·西尔韦、埃兹拉·克莱因、马特·塔伊比、格伦·格林沃尔德等高收入的美国记者则代表了哥伦比亚大学数字新闻塔中心系主任艾米丽·贝尔所说的"1%经济"[20]。令人感到讽刺的是，虽然人们大多认为网络将会令新闻业多样化，但是1%经济和大规模裁员共同造成的结果却是新闻编辑部中多元化的比例下降。2006—2012 年，美国记者中少数族裔雇员的比例下降接近 6%。[21] 正如贝尔所说的那样，最近一波风投支持下的"个人品牌"新闻创业企业支持的几乎都是格伦·格林沃尔德、塔伊比、西尔韦、克莱因这种白人男性超级明星。[22]

其中最具破坏力的是对带薪工作的歧视。除了超级明星和风投支持的赢者通吃的 Buzzfeed、Vice 之外，其他所有人几乎都成为被《卫报》专栏作家苏珊娜·摩尔称为"有些复杂的 X 元素"，每个人都在网络上免费发布内容并期待它能够成为下一个成功的故事。[23] 在互联网上，我们大多数人都是永远的实习生。正像作家蒂姆·克莱德尔所说的那样，这种博彩似的行为是信息经济的后果之一，"在这种情形下，付钱成了一种奇怪的旧习，就好像在一夜情之后给对方打电话"[24]。1% 经济强迫艾丽娜·西蒙这样有前途的艺术家推销自己的个人品牌，而不能专心做创意艺术。"我怀念的不是唱片公司对我的投资，而是我沉默的权利，从不间断的自我推销中抽身的权利，"西蒙写道，"我是一个歌手，而不是一个销售员，不是每个人都想成为企业家。"[25]

这些都未能影响硅谷的鎏金阶层，谷歌的埃里克·施密特、脸谱网的谢丽尔·桑德伯格、领英创始人里德·霍夫曼等都是精英明星作家。霍夫曼 2012 年的畅销书《创新由你开始》（*The Start-up of Your*）建议所有人都把自己的职业生涯当作一个创业项目来做。对业内那些无法拿到几百万美元图书合同写自己如何获得成功的人来说，还有《赫芬顿邮报》这样让明星发布免费内容推销自己，打造个人品牌或公司的平台。

阿丽安娜的《赫芬顿邮报》体现了数字革命中最虚伪的一面。这个媒体和它自我推崇的所有者一样，把自己包装成了报纸中的改革先锋。不过，它实际上只是给社交媒体红人、市场顾问、超级明星，以及其他 1% 的上层人群提供了一个无耻推销自己的免费平台。正如《赫芬顿邮报》前全球主编彼得·古德曼 2014 年公开辞职前在信中写给阿丽安娜的那样："团队中有一种氛围，大家都认为《赫芬顿邮报》不再致力于一手报道了，深度报道、高质量的写作屈服于这个只看韵律的系统，完全没有生产力。"[26] 古德曼所说的"一手报道"，在乔·庞贝看来已经被 Buzzfeed 那种移动社交平台替代了，"人们喜欢分享健康、冥想、锻炼、睡觉这种类型的故事"[27]。

"不幸的是，网络新闻没有金主无法生存。"[28] 网络专栏作家马修·英格拉姆悲哀地说道。许多非营利书店的情况也类似，饥渴地依赖 Indiegogo 和 Kickstarter 等众筹网站寻找给钱的施主。[29] 当然，也有不少硅谷投资人在收购他们的革命摧毁的旧媒体。偷猎者成了猎场看守。马克·扎克伯格的大学室友，脸谱网联合创始人克里斯·休斯 2012 年收购了有威信的《新共和杂志》。2013 年，亚马逊信仰右翼自由主义的 CEO 杰夫·贝佐斯收购了同样有公信力的报纸《华盛顿邮报》。《华盛顿邮报》记者们的必读书目上无疑多了《创新者的窘境》《黑天鹅》这两本书。与此同时，易趣的亿万富翁创始人兼董事长皮埃尔·奥米迪亚创建了自己的新网络出版帝国——First Look Media，花大价钱雇了明星调查记者格伦·格林沃尔德和马特·塔伊比，为他打造自己的左翼自由主义议程。

过去的25年里，我们已经无数次从纽约大学新闻系终身教授杰伊·罗森等人口中听到网络对旧媒体的破坏是一件好事，信息经济因此变得更加民主化。推广网络信息消费者就是"曾经的受众"成了罗森有利可图的职业，他成了鼓吹对20世纪新闻业进行大屠杀的啦啦队长。罗森曾和《赫芬顿邮报》创始人阿丽安娜一起合作了现已失败了的公民新闻项目"OffTheBus"，今天他是奥米迪亚 First Look Media 的顾问。然而罗森对于互联网对媒体民主化作用的理解并不正确。"曾经的受众"仍旧是受众，他们只是变得比往日更加易怒，并且其中大多数变得比以往更加无知。而"过去媒体的所有者"仍旧是媒体的所有者。他们只是换了名字，从过去的苏兹贝格、格雷厄姆、赫斯特变成了现在的贝佐斯、奥米迪亚，从百万富翁变成了亿万富翁。

监管的暗角

曾经的受众——在网上发表评论的人、发推特的人、发微博的人、潜水的人，还有网络的精华，那些胡说八道的人（故意破坏秩序的人）——变得愤怒，甚至非常愤怒。2013年，北京航空航天大学对微博社交媒体的一项研究显示，微博上传播最快的情绪是愤怒，愉悦则是最慢的。威斯康星大学心理学家瑞安·马丁教授认为愤怒之所以在网上容易疯传主要是因为相比幸福，人们更容易和陌生人分享怒火。[30]"他们希望听到别人分享这个，"马丁认为社会需要听到人们个人的愤怒，"这样他们就会觉得自己是正常的，不那么孤独。"

网络内容重回落后的赞助模式的同时，文化也在倒退。"有时你真的会感到奇怪，自己到底是生活在 2014 年还是 1814 年。有人跟我说要到我家门前杀了我，发了各种私刑的照片，说了大量关于种族迫害、反犹太主义、对同性恋者的迫害等的话。"英国体育广播员斯坦·科利莫尔对 BBC（英国广播公司）说。斯坦在推特上对乌拉圭明星路易斯·苏亚雷斯稍有异议的言论招致了大量愤怒的攻击。[31]这种网络仇恨不仅仅是英国人的毛病。西班牙马德里队在欧洲篮球锦标赛决赛中输给特拉维夫马卡比之后，2014 年 5 月网上大概有 1.8 万人发布了反犹太人的言论。[32]

事情本来不该是这样的。在信仰互联网的杰伊·罗森、蒂姆·奥莱利、FOO 营地非组织的人看来，互联网在阻碍媒体信息传递的同时，使每个人都能够在红迪、推特、脸谱网上发表自己的观点。旧媒体在他们看来是狭隘的、自私的、带有性别主义色彩的。新媒体则相反，反映了传统的《纽约时报》、BBC、CNN（美国有线电视新闻网）等精英媒体之外的种种声音。他们说旧媒体代表了权力和特权，新媒体则赋予了过去发不出声音的弱者、不幸者力量。

然而正如互联网加剧了经济的不平等一样，对于那些本应被赋予力量的人，互联网令他们感受到了复合的敌意。当然，发明了敌意的并非现今的网络。如今网络上呈现出的愤怒，不论蒂姆·伯纳斯·李有没有发明万维网都会存在。然而互联网确实已经变成了媒体批评家杰夫·贾维斯所说的"那些令人厌恶的胡说八道的人、瘾君子、骚扰者、疯子、骗子、浑蛋"[33] 夸张表达的平台。情况还在恶化。"网络，"《纽约时报》的法尔哈德·曼朱尔提醒道，"似乎就要败给那些胡说八道的人了，社交媒体的速度和混乱场面让那些流氓在匿名传播有害信息时获得了遮掩。"[34] "整个媒介系统的发展速度越快，那些胡说八道的人越是有立足之地，"网络恶意行为学术专家惠特尼·菲利普斯解释道，"它们完全契合了当下媒体的传播方式[35]。"

女性主义作家、记者阿曼达·赫斯认为女人在互联网上已经不再受欢迎了[36]。问题是那种激动的情绪，赫斯说，不赞同她的观点的男性曾在推特上这样留言："我们生活在同一个州，这真令人高兴。我要去找你，等找到你，会强奸并揪下你的脑袋。"在网络上被男性神经病追击的不仅仅是赫斯。当政治活动家卡罗琳·克里亚多-佩雷斯向英格兰银行抗议，要求将简·奥斯汀的头像作为纸币图案时，她在推特上收到了铺天盖地的强奸和死亡威胁，像是"都上这辆强奸列车来"以及"我明天早上 9 点要强奸你，在你家附近见？"[37] 科技博主凯西·西拉 2007 年收到死亡威胁后关闭了她的博客并退出了公共生活 [38]。赫斯、克里亚多 – 佩雷斯、西拉等人的故事都已经为人们所熟知，但还有成千上万其他网络论坛上厌女症受害者的故事不那么广为人知。

的确，皮尤研究中心 2005 年的一份报告显示，网络使用者中群聊天用户的比例从"2000 年的 28% 下降到了 2005 年的 17%，完全是因为女性用户数量下降的结果"。这个数量的下降和近年来人们对聊天室行为越来越容易感到担心几乎是同时出现的 [39]。厌女症的流行让查尔斯·利德比特等很多之前的互联网布道者意识到网络并没有成功发挥它的潜能 [40]。"在我们的互联网上，女性只要出现在电视或者推特上就经常遭到辱骂，这简直太气人了，"利德比特说，"如果发生在公共空间，将会导致暴行 [41]。"

仇恨在互联网上无处不在。"巨大的敌意遇到了大数据。"谷歌数据学家塞思·斯蒂芬斯 – 大卫德威茨就网络纳粹分子和种族主义论坛的壮大，每月平均吸引 4 万美国人这样写道 [42]。当然也有仇视仇恨者的人——数字警察，比如 OpAntiBully 这个组织，专门追查互联网恶霸，然后报复他们 [43]。最糟糕的是那些匿名网络恶霸。2013 年 8 月，莱斯特郡一个 14 岁的小女孩汉娜·史密斯在匿名社交网站 Ask.fm 上惨遭欺负后上吊自杀了，那些留言包括："去死吧，大家都会高兴的""帮我们个忙，自杀吧"，以及"你这个死了也没人管的白痴"。[44] 悲剧的是 Ask.fm 上还有很多其他孩子自杀的例子。2012 年年末，两个爱尔兰女孩——15 岁的席亚拉·帕格斯利、13 岁的叶林·加拉格尔以及佛罗里达州

16 岁的少女杰茜卡·莱尼都先后因在这个网站上被欺负而自杀。2013 年上半年，两个来自兰开夏郡的男孩——15 岁的乔希·昂斯沃思和 16 岁的安东尼·斯塔布斯在经历 Ask.fm 上的残忍暴行后自杀了。很遗憾的是，Ask.fm 这个于 2014 年 8 月被媒体大亨巴里·迪勒的 IAC 家族网站收购的网站，并不是网络欺凌唯一的来源。2013 年 9 月，丽贝卡·安·塞德维克，一个 12 岁的佛罗里达姑娘，在脸谱网上被欺负 [45] 了一年后，在一个废弃的水泥厂跳楼自杀了。还有 2013 年 1 月自杀的 14 岁意大利女孩卡罗琳娜·皮基奥。死前，她在脸谱网和 WhatsApp 上一共收到了 2 600 条恶意留言 [46]。

最棘手的是，这些匿名网站和应用现在正是硅谷最热门的投资项目，风投资本家在 Secret、Whisper、Wut、Confide、Yik Yak、Sneeky 等这些创业项目上倾注了几千万美元。迈克尔·莫里茨的红杉资本、约翰·杜尔的凯鹏华盈正是 Secret 和 Whisper 的投资者，安德森·霍洛维茨则值得表扬地没有参与这场从匿名网络中获利的暴力行为。"作为设计者、投资人、评论人，我们需要认真想想这些系统中的一部分是否正确、有价值。"马克·安德森 2014 年 3 月这样在推特上写道，"不是从投资回报的角度，而是从伦理和道德的角度。" [47]

匿名与否，这些曾经所谓的受众已经不仅是愤怒而已，其中一些人甚至在为恐怖主义和种族灭绝摇旗呐喊。2010 年 11 月的"阿拉伯之春"后，很多互联网布道者例如谷歌高管、《革命

2.0》的作者瓦伊尔·高尼姆都认为脸谱网、推特等社交媒体破坏了阿拉伯旧有的精英统治，把权力给了人民。然而随着"阿拉伯之春"逐渐在叙利亚和伊拉克沦落为残忍的宗教和伦理内战、在高尼姆的埃及重建了军政府集权统治，社交媒体已经变成了一种腐蚀方式。"随着地缘政治的意外受挫，"《金融时报》的大卫·加德纳写道，"在技术发展的特别力量鼓舞了世界上的各个部落后冷战结束了。"[48]推特和脸谱网被逊尼和什叶两派当成了宣扬教义以及为《金融时报》所谓的"社交媒体圣战"[49]进行招募的场所。2014年6月，ISIS（伊斯兰国）绑架了足球世界杯的话题标签，把世界杯的脸谱网账户用作了"死亡威胁制造器"。他们还在YouTube和推特上宣传他们的暴行，并放出了一段人质被砍头杀害的视频，下边写着："这是我们的球，用皮做的。#世界杯。"[50]剑桥大学国王学院的研究人员也曾展示了逊尼派在叙利亚与巴沙尔·阿萨德的战争中是如何利用脸谱网招募国外战士的。这项2014年的研究显示，一个极端传道者穆萨·切兰托尼奥的脸谱网主页上有1.2万人点击了"喜欢"[51]。

ISIS对社交媒体的有效利用凸显了互联网的核心问题。当没有守门人，人人都可以在线发布任何内容的时候，这些"内容"中很大一部分不是宣传就是完全的谎言。在2014年7月以色列和哈马斯的战争中，双方都雇用了大量人员在推特、脸谱网和YouTube上传播关于这场斗争他们自己主观的版本。以色列雇了400名学生用5种不同语言运营5个脸谱网主页，从以色列的角度介绍这场战争。与此同时，哈马斯的武装分支卡萨姆军团，则在推特上用阿拉伯文、英文、希伯来文等语言向其 1.2 万名关注者发布信息，将以色列描述为"种族灭绝侵略者"，巴勒斯坦人则被形容成"殉道者"[52]。而这场战争真实的复杂情况，借用温斯顿·丘吉尔的一句话，还没来得及穿上裤子。甚至由于社交媒体的力量和受欢迎程度，尤其是在互联网网民人群中，数字时代中像 2014 年以色列与哈马斯冲突这样的战争产生的最严重的后果之一，就是事实本身迷失在脸谱网上无数的砍头照片中。

曾经的受众被网上各种和 Instagram 一样不准确的内容欺骗、误导着。Yelp 和亚马逊上的 UGC 内容①原本应该给人们更加诚实的媒体信息，然而这些没有守门人的信息却总是不准确又或是被收买的。举个例子，在亚马逊上，最好的评论者会得到很多免费的产品，这必然直接影响了评论本身[53]。2013 年 9 月，纽约监管机构清了 19 家网站上的欺骗性评论，其中就包括 Yelp、谷歌、CitySearch、雅虎，它们被处以 35 万美元罚金[54]。然后还有那些"点击农场"，这些外包公司位于孟加拉这样的低收入国家，脸谱网上成千上万虚假的"喜欢"都是它们生产的[55]。"这些小谎言单独看来没有什么毁灭性，"吴修铭说，"然而它们叠加之后却造成了经济和文化的双重影响。"[56]

其中最大的受害者就是信任。在传统权威和体制处于危机

---

① 用户原创内容。——编者注

的时代，互联网一代缺乏信任感毫不意外。甚至世界最受欢迎网站排名第六位的维基百科——这个著名的前途辉煌的 UGC 内容网站，也并不是那么值得信任。确实，上面的一些条目真的非常好，很难否认它们给我留下了深刻的印象，这些免费的贡献者的利他主义精神让我目瞪口呆。然而美国骨科协会的科学家 2014 年的一项研究发现，维基百科健康条目的内容 10 条中有 9 条存在错误，其中很多条目存在"非常多"的错误[57]。然而维基百科最重要的问题还是它的文化偏见。由于维基百科基本是由互联网书写编辑的，它反映的也是数字公民的自由主义价值观和利益。因而，正像《麻省理工科技评论》上汤姆·西蒙尼特 2013 年一篇内容全面、标题不吉利的文章《维基百科的式微》中所写的那样，维基百科被它"歪曲的报道"害了。西蒙尼特认为维基上有太多口袋妖怪和女性艳星的条目，而对女性小说家和撒哈拉以南的非洲则报道得太"概略"了[58]。"问题的主要成因一点也不神秘，"西蒙尼特写道，他将原因归结为维基百科缺乏权威编辑，"这个集体运营的松散网站，据估计 90% 的成员都是男性。其运营富有压倒性的官僚主义作风，那种氛围常常很伤人，这制约了可能扩大维基报道范围的新人的参与。"[59]《卫报》的安妮·珀金斯在评论位于旧金山运营维基百科的"维基百科基金会"时说："你从维基百科上获得的那些事实，其实是有性格缺陷的年轻白种西方人创造的世界观。"[60]

西蒙尼特和珀金斯描述的其实也是互联网本身，一个充斥着太多有性格缺陷、常常伤人的年轻男性，而缺少权威的世界。罗伯特·莫顿"非预期后果法则"卷土重来了。Web 2.0 对透明公开的狂热信仰、对大众智慧的忠诚，具有讽刺意味地孵化出了由匿名人士控制的不透明的官僚主义。在没有对工作负责的全职管理者的情况下，互联网正在堕落成为宣传、谎言、大量的口袋妖怪角色和女性艳星。

创客 3.0

早在 1989 年，我对音乐产业未来的乐观不仅是个错误，甚至我对布料行业的看法也错了。25 年前，从我家在牛津街的家族时尚布料店来看，制造业经济已死，然而互联网改变了一切。

今天，投资手工业活动比投资音乐产业明智得多。确实，互联网布料经济正是当下数字经济中最新兴的部分。

每十年，硅谷都有一场重要的革命。20 世纪 90 年代中期，那场重要革命是网景、雅虎、克雷格列表等原始的免费网站的 Web 1.0 革命。2005 年，是蒂姆·奥莱利的 Web 2.0——谷歌、维基百科、YouTube 等用户原创内容的革命。2014 年，则轮到了"物联网"，一场 3D 打印、可穿戴设备、无人驾驶汽车和智能无人机的革命。

要了解更多关于当下革命的内容，得回到最开始我对互联网醒悟的场景。我再次来到奥莱利媒体位于塞瓦斯托波尔的办公室，这座地处加利福尼亚索诺玛县、旧金山以北 55 公里的小镇。这次我没有参加 FOO 营地活动，而是来见发明了 Web 2.0 这个词的戴尔·多尔蒂。多尔蒂现在的公司是 Maker Media，一家 2013 年从奥莱利媒体分离出来，但还设在奥莱利塞瓦斯托波尔总部的公司。

多尔蒂再次通过 Maker Media 成了未来的领军人物。"创客运动"，一股将自己动手带入科技的思维疯狂地席卷了硅谷。这股风潮在 3D 打印商业发展的推动下愈演愈烈——这个桌面大小的设备可以打印从飞机机翼[61] 这种复杂的工业零件到人体部位的替换品等任何东西。这些 3D 打印机就像可移动工厂。通过将字节自动变成原子，3D 打印机让互联网用户成为制造商。这场革命由生产大受欢迎的 3D 打印机的厂商 MakerBot 公司引领。虽然这场革命仍处于早期业余爱好阶段，但是已经有一小批狂热的自己动手爱好者在用 MakerBot 公司的 Replicator 2 再现子宫里未出世孩子的 3D 影像、3D 自拍，以及世界上第一件完全由 3D 打印的衣服——塑料材质的比基尼[62]。

1995 年可能正在重演。你可能还记得当时网络科技被认为可以让每个人都拥有一家巨大的唱片店。现在，伴随着 3D 打印技术，我们应该可以期待在家里用合适的软件建立自己的工厂，生产我们喜欢的任何东西。科技再次成为伟大的解放者。同时不可避免地，克里斯·安德森写了一本书鼓吹这次"赋予我们能力"取消工业工厂的中介作用，生产我们自己的产品的革命。

在他 2012 年的宣言《创客》这本书里，安德森提出了一个混合体——他认为这次"新的工业革命"让发明和制造工具民主化了。现在数字革命已经"在实实在在的层面触及了实体店"。安德森激动地许诺："这次革命将产生重大的影响。"[63]

世界创客联合起来！

我们曾经听过这种废话。我们从安德森的前两本书——《长尾理论》和《免费》，两本将未来全部看错的书中已经听过。我们从 Web 1.0 革命家凯文·凯利那里听过。他曾承诺互联网将重新定义商业的传统规则，一切都将变成免费的。我们从多尔蒂的 Web 2.0 革命中也听过，我们曾认为每个人都能成为网络作家或是音乐家。不过当然，迄今我们从数字革命中得到的不是民主和多样性，而仅仅是减少的工作机会、过剩的内容、被侵害的隐私、一小圈互联网巨头，以及一个不断缩窄的经济文化精英群体。

在多尔蒂带我参观了 Maker Media 的办公室，向我展示了一系列从先进的 3D 打印机中涌出的成品后，我们坐下聊了聊。我最大的困惑是工作的问题。毕竟如果未来每个人的桌上都有一套生产设备，那么那些在工厂里工作的几百万工人该怎么办呢？

"所以，戴尔，就业怎么办？"我问多尔蒂。他和硅谷的很多企业家不一样，他愿意承认互联网革命的黑暗一面。"如果这些机器能生产任何我们需要的东西，那么每个人每天要做什么呢？"

Maker Media 的创始人兼首席执行官在椅子上不安地动了动。

诚实和智慧让他不能用那些网络数字创客互相买卖 3D 自拍照、未出世婴儿照片的田园牧歌式长尾废话搪塞我。他的沉默说明了些什么。是的，多尔蒂再次于众人之前看到了未来。然而这真的是我们尤其是多尔蒂自己想看到的吗？

拿创客的 3D 打印革命对时尚产业的影响来看。20 世纪早期，我的曾祖父维克多·法伯从羊毛厂买布料，然后到伯威克街市场卖给那些自己做衣服的人。这种手工业 1.0 经济到了 20 世纪中期被手工业 2.0 模式的大规模成衣生产代替——牛津街上有了各种各样的零售商，盖普 、AA（美国服饰）、Esprit、Next 等。而接下来的 25 年，随着 3D 打印机的发展及私人制作服装的流行，那些商店或许像曾经牛津街上 6 万平方英尺的 HMW 音乐商场一样会变成多余的。

硅谷的宣传机器开始将世界时尚产业视为下一代巨大分裂的来源。"为什么 3D 打印能在时尚产业发展呢？"TechCrunch 的一个作者问道[64]。"3D 打印时尚：来自打印机而不是现成的。"《卫报》的爱丽丝·费希尔这样形容所谓的让我们都能够设计自己独特服装的时尚民主。"它能够对大规模生产的服装号码和产品发展产生革命性影响，"费雪许诺道，"它也将令创业品牌能够按小额订单生产以避免库存，定制也将变得更加容易。"[65]

然而我们是不是曾对 20 世纪 90 年代的音乐产业做过相同的定制化、个性化、民主化的许诺呢？这个梦难道不是已经沦落为大片一统天下、广告渗透，整个产业被纳普斯特这样的网络创业企业的免费和盗版内容拦腰斩断的心酸现实了吗？

"3D 打印会不会像纳普斯特伤害音乐产业一样伤害时尚产业呢？"Mashable 的丽贝卡·希斯考特问道[66]。是的，它会的，恐怕是这样。正如音乐产业一样，时尚的经济价值在于它的知识产权。所以当新服装的设计在网络上以合法或非法的方式唾手可得时，每个人都能用自己的 3D 打印机个性化制作裙子或 T 恤，专业的设计师和服装公司的创意劳动又如何获得回报呢？如果参考唱片业的死亡，那么设计师也不会获得报酬。或许时尚设计师会需要向 Lady Gaga 的多力多滋玉米片生意模式学习，寻找赞助他们表演的赞助商。又或许，在当今这个以自拍照为中心的文化中，时尚设计师可以免费提供他们的成果让我们免费为他们做在线广告。2014 年，网络时尚服装零售商 ASOS 开展了"# 看见我的推广活动"——在 Instagram 和推特上发自己穿着 ASOS 服装的自拍照。"把我货币化了。"卡特里娜·多德这样评论这个在事实上将我们变成 ASOS 时尚免费模特的策略[67]。

2014 年 5 月，我和科幻小说家布鲁斯·斯特林一起在米兰的《连线》杂志会议上发言。米兰是意大利高端时尚产业中心。斯特林很独到地批评了脸谱网和谷歌等大数据互联网公司，建议当地设计师探索他所谓的"开源奢侈"，作为回避硅谷收费站的方式。虽然我很欣赏斯特林的才华，却难以看到开源奢侈的商业模式。与软件不同，发放设计和创意的免费许可并不可行。奢侈，从定义上看来，就是一个闭合系统。一旦芬迪、古驰、阿玛尼将源代码免费共享，它们和互联网过剩条件下生产的其他商品也就没什么不同了。

毫无疑问，硅谷将从创客 3.0 革命中获益。正如投资人弗雷德·威尔逊估计的那样，不可避免地将会产生一个赢者通吃的类似 YouTube、优步这样的平台，或 Esty 那样的网站。Esty 已经聚集了很多买手和手工制品的卖家，并从每笔交易中获利。然而借用罗伯特·莱文的话，网络创客经济真正的矛盾存在于设计了我们服装的时尚公司和那些想要"合法或非法"传播这些设计的技术公司之间。

"我们处在分享时代的开端，即便你想要卖东西，世界还是会分享。"布雷·佩蒂斯，MakerBot 的首席执行官对于创客的"分享"经济这样解释道[68]。然而佩蒂斯"分享"的概念不过是美化过的偷窃，创客革命将会产生比破坏音乐产业更严重的后果。毕竟如果任何人都能够复制设计，自己在家里用 3D 打印机生产个性化的服装，那么几百万在服装厂工作的工人该怎么办呢？一些西方的自由主义者或许会庆祝血汗工厂的结束，但我并不觉得那些在服装厂上班的工人会同意。

"分享的时代。"MakerBot 首席执行官布雷·佩蒂斯这样的布道者无疑会指责我是勒德分子，然而有时质疑技术对社会的经济影响没什么可丢人的。正如保罗·克鲁格曼在《同情勒德分子》中提醒我们的那样，不管 21 世纪的数字技术承认与否，它正在置换技术工人并令他们贬值[69]。克鲁格曼用 18 世纪利兹羊毛工人质疑机械工具对他们工作的破坏性影响作为给当代人的一个提示。正如历史经济学家埃里克·霍布斯鲍姆所说的那样，全球工业革命的开端正是英国北部的这些纺织工厂。正是这些工厂在 20世纪早期生产了我曾祖父在伯威克街市场卖的布料，也是这些工厂在创客 3.0 经济中将会被彻底"去中介化"。

鲁本·法伯是我的叔叔，在社会上他有另外一个身份，长期担任英国共产党的助理部长。在柏林墙倒塌、苏联解体之后，他的身份暴露了，他被认为应为从苏联洗钱到英国支持共产主义革命负责 [70]。而我记忆中的鲁本叔叔是一个学者一样的人物，他会用马克思的话来向我解释为什么资本主义终将灭亡。

他最喜欢的一句话来自马克思的《路易·波拿巴的雾月十八日》："人们自己创造自己的历史，但是他们并不是随心所欲地创造。"我的鲁本叔叔喜欢提醒我理应存在的控制我们命运的更大的力量。然而有了 3D 打印，恐怕我们终于能够随心所欲地制作一切了。一切，除了我们自己历史的错觉。

第七章

透明人

个人数据的无边界收集

如果我们真的创造了自己的历史，那么谁创造了互联网呢？据技术史学家约翰·诺顿说是兰德电信公司工程师保罗·巴兰。TCP/IP 协议的发明者鲍勃·卡恩和文特·瑟夫则说是他们自己的功劳。对此其他人众说纷纭，有人说发明者是《诚如我思》的作者范内瓦·布什，有人说是"人机共生"的预见者、想象出了星际计算机网络的利克莱德。更文艺的人甚至认为《巴别图书馆》和《博闻强记的富内斯》[1]的作者阿根廷作家豪尔赫·路易斯·博尔赫斯是第一个想象出互联网的人。

其中还有艾伯特·戈尔。"任职于国会期间，我发起创建了互联网。"戈尔 1999 年在 CNN 电视台采访中对沃尔夫·布利策说。如果每个"戈尔发明互联网"的笑话能拿 1 美元，我大概能在特雷弗·特雷纳家所在的富豪区买房子，跟特雷纳做邻居了。但不管怎么说，戈尔当然没发明互联网。这位前美国副总统，肯定买得起旧金山富豪区一两栋价值 3 700 万美元的房子。作为苹果董事局成员、谷歌顾问，约翰·杜尔和汤姆·珀金斯凯鹏华盈的合伙人，潮流电视（Current TV）的联合创始人，戈尔从他所谓的"信息高速公路"中赚得钵盆满盈。

然而的确有一个政客说得上是最早偶然发现了互联网概念的人。这个政客开创了一个集成了他所在国家教育、医学、财政和其他个人信息记录的计算机网络信息数据库。与谷歌和脸谱网一样，这个令人难忘的政客收集的个人信息比人们自己对自己的了解还要多。这名政客开展他此项革命性主张的时间和蒂姆·伯纳斯·李一样，也是在 1989 年。

他就是埃里希·米尔克。1957—1989 年，他是民主德国情报警察局斯塔西的局长。当然，不是戈尔而是米尔克发明了互联网是句玩笑话。虽然，和自视甚高得有些可笑的戈尔不同，这位政客的所作所为一点都不可笑，他无所不在的秘密警察将一个先进的工业国家变成了一个被监控的营地。

2010 年，埃里克·施密特曾放言，谷歌非常熟悉人们的习惯，甚至可以自动获知我们所在的地点和所做的事情。然而早在施密特之前 25 年，米尔克已经开创了一个拥有类似想法的项目，一个收集人类意图的大型数据库。这个想法诞生于 1985 年春天。埃里希·昂纳克想要"开始收集计算机文件和报告"，内容覆盖民主德国的 1 650 万人口。[2] 昂纳克是一个以为自己的国家比资本主义的联邦德国在技术上更加先进的人，虽然民主德国的主要商业模式和主要外汇来源不过是向联邦德国出口劳动力。历史学家维克多·塞巴斯蒂安把这个项目描述成一个"计算机探测系统"。它存在的目的是将已有的3 900万张索引卡和铺开长125英里、由20亿张纸组成的文件数据化，[3]最终建立一个掌握这个国家每个人身上的每件事的计算机系统。

到了20世纪80年代中期，米尔克的斯塔西已经成为民主德国最大的公司，全职探子大约有10万人，另外还有大概50万活跃的线人。《斯塔西之地》（*Stasiland*）的作者安娜·丰德认为米尔克的组织令民主德国将近15%的人口都成为某种意义上的信息窃取者。[4]斯塔西的目标就是把整个民主德国变成真人版的《后窗》恐怖电影。这个国家那时正如大数据的作者维克托·迈尔－舍恩伯格、肯尼思·库克耶写的那样，是"历史上全面监控最严的国家之一"[5]。正如泰德·尼尔森的"世外桃源"项目开发了超文本一样，米尔克的民主德国消灭了"删除"这一概念。

"我们就好像生活在玻璃后面。"小说家史蒂芬·海姆解释说。米尔克组织身边社会的主要原则就和弗兰克·盖里现在用来建立脸谱网硅谷开放办公室的原则差不多。马克·扎克伯格曾经将脸谱网形容为一间"光线明亮的寝室"，在其间"无论你什么时候上线都能见到朋友"[6]。同时扎克伯格将盖里几百万美元建造的办公室称为"世界上最大的开放办公空间"。盖里"彻底透明"的建筑将会完全没有内墙、楼层甚至脸谱网的执行官都没有独立的办公室。它的意义，扎克伯格解释说是为了建造"完美的工程空间"[7]。然而，盖里的办公室是扎克伯格社会异教的建筑隐喻，一个充分点亮的地方，不仅你可以见到自己的朋友，你的朋友尤其是得了孤独症的脸谱网创始人也能看见你。

米尔克收集个人信息的肆无忌惮和谷歌街景车 2008—2010 年在德国收集电子邮件、照片、网络密码时差不多。德国调查谷歌行为的监管人约翰尼斯·卡斯帕把这种侵犯隐私的行为形容为"已知最大规模的数据保护违例"[8]。然而，谷歌的网络侵权行为面临着来自脸谱网的极大挑战。TechCrunch 撰稿人娜塔莎·洛马斯认为脸谱网"恐怖的数据获取方式"，例如，2013 年获取了600 万用户的个人联系方式或者 2012 年秘密控制 68.9 万用户的情绪[9]，已经令它成了"数字世界的克格勃"[10]。维基解密的创始人，对间谍多少也有些了解的朱利安·阿桑奇甚至指称脸谱网是"人类史上最大的间谍机构"[11]。

那么脸谱网到底是不是有史以来最大的间谍机构呢，比斯塔西、美国中央情报局、谷歌还重要？举个例子，关于谷歌街景侵犯车辆隐私的问题，德国隐私保护部门负责人约翰尼斯·卡斯帕或许会质疑阿桑奇的话。英国、德国、意大利的隐私监控机构2013 年夏天曾一致警告谷歌，如果谷歌不能停止 2012 年开始的整合不同服务平台上的用户信息，公司将会面临法律制裁[12]。这样认为的不仅是各国的隐私保护部门，2013 年 7 月，加利福尼亚的一名原告声称"谷歌的 Gmail 服务是秘密的数据挖掘机，未经允许，从 Gmail 发送的邮件中截取、储存、使用了无数并非嫌疑人的普通美国人的个人想法"[13]。还有《教育周刊》上提到的正在美国联邦法院审理的一个"潜在的爆炸性"诉讼——几百万学生的邮件信息被谷歌非法秘密捕获用以建立针对他们的广告档案。[14]

无论如何，此前还有 20 世纪的埃里希·米尔克的斯塔西。米尔克最早是反对昂纳克将所有斯塔西模拟数据电子化的构想的。然而当 1989 年 8 月局势动荡时，米尔克还是下令开始将民主德国每个公民的信息电子化。这个工程被官方称为"储存信息使用规范化"，试图覆盖民主德国法律系统、银行、保险中介、邮局、医院、图书馆、广播电视公司中的所有个人信息。民主德国历史学家史蒂芬·沃勒认为，米尔克特别热衷于这项数据工程的"完整关联性"[15]。用沃勒的话说，米尔克试图创造的并不是"社会个体"，而是"透明的个体"。他的目标是建立一个人人都生活在玻璃后面的地方，一个没人能够逃离的电子牢笼。

然而，相比之下，埃里希·米尔克通过互联网进行"储存信息使用规范化的"的工程从未实现。柏林墙 1989 年倒塌，米尔克 1990 年被捕，1993 年入狱，2000 年死于狱中。他的所作所为，作为一种对民主德国人民施用过的监控技术，被收入了由旧斯塔西柏林总部改造而成的博物馆中。

这个曾经的民主德国国安部位于 Magdalenenstrasse 地铁站附近一条平凡无奇的街道，距柏林市中心只隔几站，离帕里泽广场上的美国使馆也不远。美国告密者爱德华·斯诺登曾揭露这座使馆中有一个美国国家安全局监听德国总理默克尔电话的间谍中心[16]。

隐私的泄露极大地激怒了默克尔，这个在民主德国长大的总理将美国国安局的窥探行为比作斯塔西。[17] 根据斯诺登揭露的文件显示，英国使馆在勃兰登堡门附近的作为也与此类似。英国情报中心 GCHQ（政府通信总部）也运行着一个单独的间谍平台监视德国政府。[18]

斯塔西柏林总部灰色大楼的外貌停留在 1989 年时的样子，和模拟信号时代的它没什么不同，和谷歌公司的总部没法相比。不论是昏暗狭小的办公室，还是电子打字机、拨号电话、原始的总机系统都跟高科技毫不相干。虽然米尔克下令将信息联网，在 1989 年，斯塔西大部分的数据仍旧只限于手抄版本或者打印的索引卡片。这座博物馆中甚至有张米尔克秘书写的索引卡片，解释这位斯塔西头目早餐的喜好。

这个曾经的民主德国监视部门中这些小心记录的索引卡令这座博物馆不仅仅讲述了模拟信号的过去，同样也介绍了数字世界的未来。这座展示了如何用技术获取他人数据的博物馆，对于当下渴求数据信息的跨国机构（如谷歌、脸谱网等），以及美国国家安全局、英国政府通信总部等大数据机构仍旧有着现实意义。与当今的政府情报机构和互联网公司类似，斯塔西对于个人隐私的渴求似乎是永不满足的。博物馆的展品中可以看到各种用于收集数据的发明——藏在钢笔、领带别针、领带中的小型隐形相机。另有几个房间展示了本土的蔡司相机如何隐蔽在手提包、公文包、女式包以及热水瓶中。其中，一个针孔相机甚至藏在浇水喷壶的壶嘴附近。

不过斯塔西的确还是与谷歌、脸谱网等互联网公司有一点不同。借用硅谷的一个流行词汇，埃里希·米尔克的机构没什么"规模"。作为一个 20 世纪的信息强盗，米尔克或许将民主德国变成了数据统治。但和 21 世纪的数据巨人相比，他的信息王国构想却是过于狭小、本土化。他没想过全球几十亿人会愿意免费放弃个人信息。他不理解相对于把相机藏在浇水喷壶中，收集他人的照片其实有更具规模化的策略。

创造一个真正全球化的透明人，仅仅靠雇用几万个间谍和3 900 万张手写索引卡是不够的。在网络中，这个被尼古拉斯·卡尔称为"玻璃笼子"的日益智能、互联的电子世界中，有数以千万的人，他们似乎都愿意免费劳动。

万物互联

拉斯维加斯并没有什么赌场以民主德国或柏林墙为主题，这并不令人意外。然而拉斯维加斯却的确有一栋娱乐建筑是向历史上另一个大间谍机构——威尼斯共和国致敬的。威尼斯共和国在其全盛的 15—16 世纪有着臭名昭著的间谍网络，服务于帝国审判者，这些法官就是一群中世纪末期的斯塔西。2014 年部分消费电子展（CES）——世界最大的针对互联网消费者使用的设备的活动在拉斯维加斯版的威尼斯——威尼斯人独家赌场酒店举办是偶然的吗？这座位于拉斯维加斯一带的威尼斯人酒店，有着华丽庸俗的广场和河道，夸张点说，好像意大利的一个城邦。

在 2014 年的消费电子展上，监控技术遍布了整个威尼斯人酒店。各家公司展示了可以完成各种任务的网络相机，比如看到拐角的另一面，或者透视布料，就好像是一个为幽灵开的展会。展会的 Indiegogo（众筹平台）区域里，有一家来自柏林的众筹创业公司叫作 Panono，展示了"手抛球全景相机"——一个直径 11 厘米安装了 36 个迷你相机的电子球，它可以在被抛到空中后拍照，然后把照片发送到网络中。另一家众筹平台公司，一个叫作 GlassUP 来自意大利的创业企业，展示了一副设计时尚的眼镜，类似谷歌眼镜，可以记录人们看到的一切并提供一个"屏幕"来查看邮件、阅读网络即时新闻。还有一家叫作伊凡娜医疗的公司展示了一副名为"Eyes-On"的 X 光眼镜，护士可以通过这副眼镜透过病人的皮肤看到下面的血管。在威尼斯人酒店，我唯一没看到的就是浇水喷壶上的针孔相机。

目之所及，到处都是电子眼，甚至有个展览整个都是关于智能眼镜的。"VR（虚拟现实）视觉设备 35 年回顾展"就像是关于未来的历史，设于威尼斯人酒店的"VR 展厅"，展品包括了一排排塑料装备，涵盖了过去 35 年间发明的所有可穿戴的 VR 眼镜。这一展览的赞助商是当下增强现实眼镜的两家主流开发商，一家叫作"OrCam"的以色列公司，以及将无须手持记录所见的网络视觉设备 M100 商业化的"观众博览"，这是智能眼镜的首次商业化。观众博览这款吓人的相机其实应该叫作"过目不忘"或者"公众之眼"什么的。

"欢迎来到无限可能。"威尼斯人酒店里的一条标语这样迎接着电子消费展的与会者们。另一条标语则写着"活在数字时代：联结生活的节点"。在这个网络世界中，2012—2013 年产生的数据流量占到了整个人类历史产生的数据流量的 90%。[19] 2012 年，人们制造了 2.8 泽字节的数据。"这个数字和听起来一样庞大。"数据专家帕特里克·塔克说道。到 2015 年这个数字已翻倍，达到 5.5 泽字节。也可以这样看这个问题，2009 年的数字显示，当时万维网的所有数据内容整合后大概有 0.5 泽字节。[20]

然而，2014 年电子消费展上的大多数可穿戴设备的可能性并非是无限的，而是雷同的，它们都是渴望获得联网数据的设备。这些设备中，一些是在像 Indiegogo、Kickstarter 等众筹网站上集资的，设计初衷是"联结节点"——我们的动向、身体健康状况、驾驶技术、面部信息，还有最重要的——我们去过哪里、现在在哪里、将要去哪里。

英特尔首席执行官布莱恩·科兹安尼克在展会的主题演讲中将占领了 2014 年消费电子展的可穿戴技术称为"广大的可穿戴生态系统"。索尼、三星以及众多其他创业企业展示的产品即便出现在柏林旧日的民主德国国安部大楼里也不会显得不合时宜。电子消费展上最让人兴奋的是其中两家公司推出的自我量化产品，一个是 Fitbit 公司记录生理活动和睡眠模式的手腕装备，另一个是总部位于瑞典的公司 Narrative，生产一种夹在衣领上的微型可穿戴相机，每 30 秒自动拍照一次，也被称为记录眼前一切的"生命记录"。

"这两家公司的有趣之处就在于它们都通过一种时尚的方式，让我们生活中不可见的部分成为可见的。"一位投资了 Fitbit 和 Narrative 的风投这样解释道。[21] 30 年前的米尔克一定愿意给民主德国的每个人配备一台 Narrative，但今天能够大规模定制这种设备的国家几乎不存在了。

然而 Fitbit 和 Narrative 并非仅有的两家致力于将不可见事物可见化的公司。电子消费展上到处都可以看到会令我们泄露个人信息的监控产品。在我看来，电子消费展就是一场新参赛者单纯地开发"有创新性的"帽子、卫衣等新监控产品的"黑客马拉松"，监控芯片能够随时泄露穿戴者的位置信息。加拿大的 **OMSignal** 公司展示了一种能够无线测量心跳以及其他健康指标的斯潘德克斯弹性纤维。另外一家智能衣料公司 Heapsylon 则带来一款运动胸罩，其用材中的电极能够监控穿戴者的三围。[22]

谷歌虽然没有正式出现在"VR 展厅"中，但是威尼斯人酒店里大大小小的广场和河道边都有戴着谷歌网络电子眼镜的人走来走去。迈克尔·切尔托夫（美国前国土安全局局长）将这种对眼前的一切不停拍照、录像的眼镜形容为"监控无处不在"的时代之始。[23] 切尔托夫并不是唯一觉得谷歌眼镜太过诡秘的人。旧金山的几家酒吧已经明令禁止佩戴谷歌眼镜的人进入，这些人被他们称为"眼镜浑蛋"（glassholes）。美国国会已经开始就设备对隐私产生的影响展开了调查。2013 年，加拿大、澳大利亚、墨西哥、瑞士等 7 个国家的数据隐私官员曾给谷歌 CEO 拉里·佩奇写过一封联名信，以此表达他们对于谷歌眼镜影响隐私的不满。与切尔托夫一样，这些国家对"无处不在的监控"感到恐惧，这些设备收集了大量关于我们个人健康、所处位置以及财务状况数据的信息。[24]

　　然而电子消费展上展示的不仅仅是可穿戴设备。借用英特尔 CEO 科兹安尼克的商业语言，这些新电子设备承载的 2.8 泽字节数据连接了"广阔的生活生态系统"。用帕特里克·塔克的话说，匿名已经不可能了。[25]物联网已经来到了拉斯维加斯。毫不夸张地说，电子消费展上所有的东西都联网了，每件东西都被设计成智能、互联的设备。智能炉灶、智能衣料、智能控温器、智能空调、智能灯光系统、智能手机，所有东西的设计初衷都是为了捕捉数据、在网络上传播。智能电视自然不会缺席电子消费展，这些设备比电视节目本身智能很多。确实，韩国电子巨头 LG 的联网电视已经聪明到可以记录我们的观看习惯，从而向观众推送更有针对性的广告。[26]

　　电子消费展还有一部分是联网汽车展览。这些车能够了解我们的车速、所处的位置以及是否系了安全带。据博斯咨询公司分析，联网车市场将会爆发，2015—2020 年，联网车的需求将会增加 4 倍，到 2020 年将产生 1 130 亿美元的收益。[27]其实现在的汽车就已经是联网的数据机器了，奔驰汽车的新 S 级轿车上安装的相机每小时会产生 300 千兆关于汽车位置和司机习惯的数据。[28]

此外，还有谷歌无人驾驶车，一种由"Google Chauffeur"软件控制的人工智能联网汽车。无人驾驶汽车和 VR 眼镜曾经听起来十分科幻，但是内华达州和佛罗里达州已经通过了允许无人驾驶车上路的法案。谷歌自动汽车在圣何塞和旧金山之间的一号公路试车已经不罕见了。毫无疑问，无人驾驶汽车具有无穷的潜力，尤其是在安全和便利性方面，更不用说无人驾驶汽车的环保和节能高效等特点，然而谷歌在其中扮演着怎样的角色却令人生疑。无人车的核心软件"Google Chauffeur"本质上就是汽车版的谷歌眼镜，一款"免费的"、可以追踪人们位置的、将所有数据传送回谷歌总数据库的，以及将生活里零散的点串起来的软件。正像《华尔街日报》的专栏作家霍尔曼·詹金斯对这些所谓的自动驾驶车的评价那样，"它们根本不是自动的"，它们还可能"对人的隐私造成比国安局大得多的威胁"[29]。毕竟，如果谷歌将无人驾驶汽车中获取的数据与谷歌其他无处不在的产品、平台中获得的数据集中在一起，例如，谷歌正在开发的带 3D 感应装置、可以自动在地图上显示人周围的物理环境的智能电话[30]，谷歌就总能知道我们的位置，这种监控装置是埃里希·米尔克当年无法想象的。

伯纳斯·李发明互联网是为了记住他在欧洲粒子物理实验室的同事。"互联网更多的不是一个技术产品，而是社会产品，"他解释说，"我设计网络是为了一种社会效应——帮助人们一起工作，而不是什么科技玩具。互联网的终极目的是为了支持、提升人们在实际生活中像网一样的存在感。我们组成家庭、社团、公司。我们穿越时间和空间建立信任。"[31]

然而 1989 年伯纳斯·李在发明互联网时并没有想象到如今这个"社会创造"会被私人公司和国家如此滥用。乔治·奥威尔在《1984》这本书里首创了"老大哥"这个词，用来形容埃里希·米尔克这样的秘密警察。随着物联网将每件事物都变成了联网的装置，爱立信的帕特里克·塞瓦尔手下的研究员们认为这种联网装置的数量会达到 500 亿件。截至 2015 年，人们生产的数据已经达到了 5.5 泽字节。越来越多的人开始担心 20 世纪的"老大哥"在 21 世纪网络的掩盖下以各种可穿戴的形式又回到了我们的社会中。人们担心世界会变得像威尼斯人酒店中的展会那样，一排排都是叫不上名字、千篇一律的可穿戴电子眼镜监视我们的一举一动。

《卫报》的丹·吉尔摩在报道消费电子展时曾提醒大家，那种奥威尔"老大哥"式的噩梦正在靠近我们，各种联网电视正在"监视我们"[32]。甚至企业高管们都在担心物联网对隐私的侵犯。大众汽车的首席执行官马丁·温特科恩在 2014 年 3 月就警告说一定要当心联网汽车的未来，"不要变成数据魔鬼"[33]。

不过物联网和埃里希·米尔克 20 世纪的"老大哥"监控国家有一点明显的不同，这一点让当下的物联网社会有别于奥威尔的《1984》。米尔克试图违背人们的意愿，让他们成为透明的人，而现在谷歌眼镜和脸谱网的社会中，人们主动选择生活在一个透明的国家中，一个汽车、手机、冰箱和电视都在监视我们的社会。

大数据之殇

"周二一早醒来，我发现自己上了《每日邮报》的第三版，"苏菲·加德（一个年轻的英国姑娘）在 2013 年 12 月写道，"在从床上掉下来，发现家里的牛奶都喝完了之后，这样开始一天的生活简直糟透了。上报纸的原因不是我脱了衣服什么的，而是'推特风暴'的结果。"[34]

约克大学历史政治系大四学生加德在柏林度假的时候无心地卷入了推特风暴。她在推特上发了一张柏林历史博物馆中俄罗斯女皇凯瑟琳大帝 18 世纪的肖像画。她在推特上暗示说这张约翰·巴普蒂斯·兰皮 1794 年完成的画看起来和英国首相大卫·卡梅伦有点神秘的相似之处。

"几个小时内，"加德说，"这条推特被转发了几千次。"最终，它成了《每日邮报》和《每日电讯报》上的大新闻。"这个经历让我了解了社交媒体的疯狂之处。"加德说。正如之前戴夫·埃格斯在《连线》杂志，以及他 2013 年讽刺谷歌、脸谱网等数据工厂的小说中描写的那样——"互联网非常愤世嫉俗"，而且"没有什么是私人的"³⁵。

加德经历的其实算得上是温和的。不像其他无辜牵涉进推特公开风暴的人那样，加德既没有丢掉工作，也没有被网络暴民毁掉名誉，更没因此进监狱。就在苏菲·加德上了《每日邮报》第三版的同一个月，贾丝廷·萨科，一家公关公司的公关经理发了一条推特写道："要去非洲了。希望我不要得艾滋病。开玩笑。我是白人！"萨科在她登机从伦敦去开普敦之前发布了这条推特。在萨科到达南非时，这条推特仅仅被转发了 3 000 多次，但已经成了一条国际新闻，她一下飞机就被冲上来拍照的狗仔围住了。她因为这条推特被贴上了网络头号公敌的标签，萨科因此丢掉了工作，甚至她的父亲都管她叫"傻×、白痴"³⁶。萨科从那之后就要一直和这条迟钝但并不违法的推特绑到一起了。互联网的本性就是这样"不忘事"和"不原谅"。

"如果你只有不多的关注者，推特可能感觉就像一群酒友聚在一起，"苏菲·加德这样描述这个"不忘事"和"不原谅"的社交网络，³⁷"不过其实不是，在推特上发言其实和你站在大街上用扩音器喊出来一样，没有什么隐私可言。"

透明国家的危害的开端其实比乔治·奥威尔的《1984》以及 20 世纪的极权主义要早。这种危害要追溯到俄罗斯女皇凯瑟琳那个文明的独裁时代，柏林历史博物馆里约翰·巴普蒂斯·兰皮画上的人，这个看起来像大卫·卡梅伦，并让苏菲·加德上了《每日邮报》第三版的人。

意大利的兰皮并不是唯一从欧洲去俄罗斯享受凯瑟琳慷慨赠予的人。英国兄弟塞缪尔·边沁和杰里米·边沁曾经在凯瑟琳的独裁国家工作过一段时间。塞缪尔为凯瑟琳的情人之一格里戈里·波将金伯爵效力。波将金伯爵的名字由于他为凯瑟琳建的假工业村"波将金村"被写进了历史。波将金当时让边沁管理他在波兰边境附近克里切夫一座几百平方英里、有 1.4 万名男性农奴的产业。[38] 现在被称为最大幸福原理之父的杰里米·边沁，1786年到那里和哥哥团聚在一起。也是在这个地方边沁发明了"圆形监狱"（panopticon）这个概念，又叫作"监视所"（Inspection House）。

杰里米·边沁和蒂姆·伯纳斯·李一样毕业于牛津大学。现在人们多认为杰里米发明了圆形监狱，但杰里米则认为这是他哥哥创造的。"道德得到改善，健康受到保护，工业有了活力，教育得到传播，公共负担减轻了，经济有了坚实的基础，济贫法的死结不是被剪断而是被解开，所有这一切都是靠建筑学的一个简单想法实现的"[①]，杰里米在一封从克里切夫发出的信中炫耀地描述这个新的想法。

杰里米所说的"建筑学的一个简单想法"反映了他哥哥对管理波将金村的兴趣。借用希腊神话里百眼巨人的故事，圆形监狱的发明意在将监狱、学校、医院等机构设计成圆形结构，这样

---

① 引自米歇尔·福柯. 规训与惩罚 [M]. 刘北成，杨远婴，译. 北京：三联书店，1999.——译者注

用一个看守者就可以观察到建筑里的每一个人。"被监视的威胁"
在杰里米·边沁看来代表着"一种新的通过头脑获得控制其他头
脑的权力"。圆形监狱是一个"充满丰富想象的",有着社会目
的的混合建筑,建筑史学家罗宾·埃文斯解释说。其目的就是惩
戒。人们越是想到自己正在被监视,杰里米和塞缪尔说,就会越
努力工作,破坏规矩的可能性越小。米歇尔·福柯因此将圆形监
狱描述成一只"残忍无情又别具匠心的笼子"。"它是边沁主义社
会的微观世界。"一位历史学家称。另一位则认为它是"哲学极
端主义的存在主义现实"[39]。

作为哲学极端主义,现在更多地被称为"功利主义"学派的
创始人,杰里米·边沁将人类看作被可计算的快乐和痛苦驱动的
计算机。社会最好的管理方法在边沁看来就是聚集所有的快乐和
痛苦,从而决定整体的最大幸福原理。用英国法律哲学家哈特的
话说,边沁是"宏观成本效益专家"[40]。19 世纪苏格兰思想家托
马斯·卡莱尔则批评边沁作为一个哲学家总是着眼"算计和估量
人的动机"。在查尔斯·巴贝奇发明第一台可编程的计算机之前
半个世纪,边沁就已经把人视为计算机了。而圆形监狱,他花了
一生时间试图建造的"一个建筑学的简单想法",会让所有人和
事都受到监视与测量。

在 21 世纪互联网社会中能出现的最可怕的情况就是建立一
个边沁式的电子圆形监狱,再加上功利主义量化社会的信念。我
们正在靠近一个边沁主义的世界,这个世界里的一切——从个人

健康到饮食，再到驾驶习惯、工作时长和强度都被谷歌这种商业公司量化了。谷歌的智能家居设备制造商 Nest，已经建立起一个替能源单位控制消费者耗电的盈利商业模式。[41] 而通过国家幸福总指数和控制人们情绪的秘密实验，脸谱网甚至让边沁量化人的开心和痛苦的想法成为现实。

在一座有着 500 亿个智能设备的电子圆形监狱——这个联网的社会中，隐私已经成了富人的专利。监视我们的不仅仅是电视、智能手机、汽车。这就是约翰·兰彻斯特所说的"新型人类社会"——一个不论你做什么、去哪里都会被监视并转化为数据的地方。欧盟消费者委员会的梅格莱娜·库内娃将这种商品描述为"互联网时代石油和数字世界的新货币"[42]。

"现在的互联网就是一个巨大的人类实验吗？"[43]《卫报》的丹·吉尔摩在 2014 年 7 月谷歌进行的情感控制实验和相亲网站 OkCupid 的关系回答问题时问道。在不久的将来，恐怕吉尔摩问题的答案会是肯定的。正如社会学家泽伊内普·图菲克希提醒的那样，无限恐怖的互联网社会，脸谱网、OkCupid 这些大数据公司"现在有了新的工具和隐形的方法可以悄无声息地模拟我们的性格、弱点，识别我们的网络，有效地改变或重塑我们的想法、欲望和梦想"[44]。

《金融时报》的克里斯托弗·考德威尔认为，这种改变和重塑对于恋爱来说并不是什么新鲜事。但是在前互联网时代，这种改变和重塑主要都是借由外部权威完成的，尤其是父母、社区、宗教团体等。"区别在于，"考德威尔说，和 OkCupid 上的实验相比，父母和宗教团体"爱这些可以指导的年轻人，有让年轻人不犯错的责任，全心全意希望能够帮助他们，而不是把这些年轻的情侣仅仅当作赚钱工具"[45]。

在这个新的数字监控世界里，我们被各种没有爱心的机构监视着。从硅谷的大数据公司、政府、保险公司到医疗卫生提供者、警察、像杰夫·贝佐斯一样冷血功利的亚马逊式雇主，以及雇主的科学管理中心，没有工会的员工所有的一切都在公司的监控之下。通过越来越准确的预测技术，大数据公司能够了解我们昨天、今天都做了什么，明天又会做什么。克里斯托弗·考德威尔称 OkCupid 是"唯利是图的实验"，这很准确。这些大数据公司的目标仅仅是利用我们的个人信息赚钱，而不是将其用于公共服务。

我们透明的未来

反乌托邦式假想的未来，常常充斥着强大得可怕的科技公司，并开始呈现出新版奥维尔式极权政权的样子。雷德利·斯科特的《普罗米修斯》就是其中一个例子，这部 2012 年的电影讲述了在未来世界里，威兰迪公司变得空前强大，公司的 CEO 甚至放言"现在我们就是上帝"。电影中的假想就是这些公司代替了政府，成为"老大哥"。

　　这种夸张的情景在电影里看起来还不错，但是对于未来，这种呈现方式太过于教条了。在我们这个对国家带有敌意的自由主义时代，谷歌并不真的需要成为政府才能对我们发号施令。所以当埃里克·施密特被问到谷歌是否想要像政府那样运作时，他说谷歌并不希望承担政府承担的责任。"我们不想成为政府，"施密特说，"之所以不想，是因为成为政府会有很多复杂的问题。"[46]不过当然，谷歌也不需要成为一个有着各种税收、福利、教育政策等"复杂问题的"旧式政府，以此来获得权力和财富。相反，谷歌可以和政府结盟，创造更有效率、更有利可图的监控社会。

　　"对于我们的信息而言，谁更可怕呢：政府还是公司？"《卫报》的专栏作家安娜·玛丽·考克斯问道。[47]不幸的是，这其实并不是一个非此即彼的单选题。当今的互联网社会中，我们既要担心政府，又要担心像脸谱网和谷歌这样的大型私人数据公司。从2013年夏天国家安全局前分析员爱德华·斯诺登揭露的数据挖掘棱镜丑闻中，我们就能一窥未来新世界的恐怖样子。"如果'老大哥'回来，肯定是公私合伙的形式。"英国历史学家蒂莫西·加顿·艾什解释说。而我们应当担心的正是这种谷歌式的大型数据公司和国安局的合作，政府和私人公司都应当警惕。

　　根据《纽约时报》2013年6月的报道，棱镜项目正是"出于国家安全局几年前开始应对社交媒体爆炸式增长速度的需要而诞生的"[48]。棱镜显示微软、雅虎、谷歌、脸谱网、**Paltalk**、**Skype**网络电话、**YouTube**、苹果等公司都给政府提供了（或者被依法要求向政府提供了）客户数据的后门准入权限。用互联网历史学家约翰·诺顿的话说，棱镜发现了"我们的互联网社会里的隐形线路"[49]，同时揭露了"谷歌、脸谱网、雅虎、亚马逊、苹果、微软都是美国网络监控系统的组成部分"这一现实[50]。

在《纽约时报》的詹姆斯·里森和尼克·温菲尔德的报道中，棱镜门揭露了他们所谓数据挖掘的"复杂反应"就是一个"连接国家安全局和硅谷领袖的重要情报工具"[51]。《大西洋月刊》的迈克尔·赫什则称："政府的大规模数据收集和监视系统主要不是由职业间谍或者华盛顿的官僚们建立起来的，而是由硅谷与私人防御承包商建立的。"[52]《纽约时报》的克莱尔·米勒还对此补充说，一些互联网公司，包括著名的推特"拒绝轻易地和政府合作"，收集个人信息。但是大多数公司都是顺从的，或者和政府"至少进行了一些合作"[53]。例如，谷歌在 2012 年下半年 88%的情况下都遵照政府的要求为政府提供了信息。[54]

不幸的是，国家安全局的棱镜门不是互联网公司和美国政府进行数据共谋的唯一例子。其中最恐怖的一家网络数据公司安客诚（一家数据代理商），据科技作家休·哈尔彭说已经"建立了 75% 的美国人的个人档案，每个人都有大概 5 000 个可以建造和拆分的数据点"，用以发现所谓的可疑人员。"这没什么可奇怪的，"哈尔彭说，"国家安全局和国土安全部从安客诚买数据。"[55]

另一家在恐怖程度上可以和安客诚一争高下的公司就是彼得·蒂尔 2004 年创立的帕兰提尔数据情报公司，"这家公司就是情报和法律执行应用进行大规模数据挖掘会首先想到的公司"[56]。这家公司在建立之初，资金部分来自美国中央情报局的投资队伍Q-Tel。2005—2008年，美国中央情报局是帕兰提尔唯一的客户。帕兰提尔现在则自称拥有包括美国联邦调查局、美国中央情报局、陆军、海军、空军、美国国防部等一系列客户，2013年融资1.075亿美元之后，公司估值达到了90亿美元。马克·鲍登（讲述了拉登之死的流行读物的作者）说帕兰提尔"实际说得上是大受欢迎的杀手应用"[57]。一名驻扎在阿富汗曾多次使用帕兰提尔提供的情报的特种部队成员对彭博社的阿什利·万斯和布拉德·斯通说："那感觉就像是接入了《黑客帝国》中的Matrix（虚拟程序）。我第一次看见它的时候直喊'见鬼！见鬼！见鬼了！'"[58]

自从斯诺登泄密之后，互联网公司开始紧急地与国家安全局等美国政府部门，以及安客诚、帕兰提尔等政府相关公司拉开距离。谷歌和推特等则呼吁对网络信息进行更多的加密[59]，它们甚至还给美国国会以及奥巴马总统写了一封公开信，要求美国政府"带头"结束数字监控。[60]但彭博社2013年12月的一篇社论认为这些来自硅谷的对过去的批评是"极其虚伪的"，因为"收集、打包、销售个人信息，不经用户完全同意有时甚至完全不通知用户正是这些公司主要的盈利手段"[61]。

彭博社的社论是正确的。"互联网的主要商业模式是建立在大规模监控基础上的，"计算机安全学者布鲁斯·施奈尔说，"而我们政府的情报收集机构已经对这种数据上瘾了。"[62]

因而硅谷与国家安全局监控项目的联系并不违规,而是符合了网络的核心身份。数据,正如欧盟官员梅格莱娜·库内娃提示我们的那样,是数字经济里的新石油。所以不论谷歌正在尝试将微型相机安装进连接网络的隐形眼镜[63]里,还是网络家庭中对人们回家、出门的详细记录[64],抑或智能城市对我们驾驶、购物行为的追踪[65],监控都是互联网主要的商业模式。

"城市是我们匿名的天堂,是一个自我清洗、自我创造的地方。"前科技记者昆廷·哈代提醒说[66]。所以在如今有着手抛球全景相机的数字圆形监狱里,自我清洗和自我创造要如何进行?在这个所有人、物都联网的世界里,隐私的命运又会怎样?

杰里米·边沁"建筑学的简单想法"在今天已经成为一个电子网络,我们所做的每件事都被记录、记忆下来。边沁18世纪的圆形监狱已经升级成为21世纪大规模监控的指南。在这个电子网络中,一切就像范内瓦·布什的麦克斯存储器一样,轨迹都不会消失,同时又像埃里希·米尔克的斯塔西一样,对个人数据的渴求永远也不会被完全满足。网络已经彻底变成了一个透明人的透明王国。

人类塑造建筑,其后,建筑塑造人类。

第八章

深渊坠落

"失败者大会"

　　"老大哥"也许已经死了，但旧式极权主义国家中的一个部门仍然健在。奥威尔的"真理部"本应随着 1989 年柏林墙的倒塌而消失，然而它没有和其他失败的部门一样被取消，而是搬到了美国西海岸。它的新地址位于硅谷，21 世纪创新的中心。在这里由于分裂进行得如此彻底，过去的失败甚至被重新改造成了新型的成功。

　　在一系列的伟大谎言中，"失败就是成功"这个概念，当然比不上奥威尔式的三位一体——"战争就是和平""自由就是奴役""物质就是力量"。但"失败就是成功"也算得上是值得真理部进行宣传的非常不诚实的表述之一。然而在硅谷，"失败就是成功"这个概念已经被全盘接受为真理，甚至现在旧金山有"失败者大会"这一活动，用以专门散播这一理论。

　　我和其他几百个有志的破坏者一起参加了一次"失败者大会"，试图理解为什么失败被认为是令人满意的，至少为什么在

硅谷失败被认为是令人满意的。大会的场地位于旧金山豪华的
Kabuki 酒店，蓄电池俱乐部往西几公里远的地方。失败者大会
的风格一半混合着反文化的旧清教徒职业道德，一半就是经典的
加利福尼亚自助疗法，和绝大多数硅谷的技术大会一样，完全脱
离现实。借用硅谷的另外一个时髦词汇，就好像奥威尔的真理部
"钻"进了会议业务中。"别怕失败，张开手拥抱它吧。"[1] 大会这
样指导它的听众。同时，为了帮助我们战胜恐惧，对失败感到高
兴，失败者大会还邀请了一些大技术公司最伟大的创新者来互相
印证谁失败的故事更惨。

在失败者大会上，"失败"这个词无处不在，似乎在爱彼迎
的创始人乔·杰比亚、身价数十亿美元的风投资本家维诺德·科
斯拉、畅销的互联网成功指导手册《精益创业》一书的作者埃里
克·莱斯身上都能找到。的确，这些人中，越是有独特先见之明
的投资人，越是有钱的企业家，越是有影响力的人物，就越是卖
力宣扬他们关于失败的冗长故事。在失败者大会上，我们会听到
失败是教育中最重要的一课，是创新的必需品，是启蒙的一种方
式等观点。其中最具讽刺意味的则是在整个大会自得的氛围下，
失败被说成关于谦虚的一课。

失败大会的失败者中，最成功、最不谦虚奖要颁给优步的
联合创始人和 **CEO** 特拉维斯·卡兰尼克。从他那活蹦乱跳的举
止、未老先衰的满头白发中似乎就能看出他的生活一定是激进、
分裂的状态。他的外表和事业"创新"都像熊彼特所说的"四季

不断的创意破坏飓风"。这个有着强烈自我风格的"坏蛋",一个我们自由时代里可以把照片钉到墙上的人,一个把自己看成昆汀《低俗小说》[2] 电影里罪犯的人,怎么会不好意思把自己包装成史上最大的冒险家? 在推特上,有一次特拉维斯甚至把艾恩·兰德对自由市场资本主义极端自由主义进行颂扬的《源泉》(*The Fountainhead*)一书的封面用作了自己的头像。[3]

特拉维斯市值 180 亿美元的优步公司显然是一家厉害的坏蛋公司,客人对其司机有绑架[4]、性骚扰[5] 等各种各样的指责。从创立之初,不受约束的优步——这家在全球 22 个国家的 60 个城市运营、雇用了 550 名员工、年盈利 2.1 亿美元的公司[6],不但始终陷于和纽约、旧金山、芝加哥、联邦监管部门的法律争端中,而且还被自家没有工会组织的司机围堵,集体声讨权利和医疗福利。[7] 海外的情况也不乐观。在法国,反对这家网络交通创业企业的力量强大到 2014 年年初在巴黎爆发了司机罢工,甚至一系列针对优步车辆的暴力袭击。[8]

优步司机似乎和监管部门一样对特拉维斯的反工会公司感到不满。2013 年 8 月,优步司机起诉优步未能支付费用。"公司没有工会,没有任何司机社团,"一个 65 岁已经开了两年优步车的司机在 2014 年向《纽约时报》抱怨说,"唯一从中获利的就是投资人和高管们。"[9]

那些拥有惊人财富的硅谷投资人,那些在这家创业公司未来的 IPO(首次公开募股)中终将获益的人,当然热爱优步。"优步是一个吃掉出租车的软件……是一种杀手级的体验。"你会记得马克·安德森对此的热心。[10] 悲哀的是，他说得太实在了。2013年新年前夕，一个优步司机在旧金山街上意外地撞死了一个6岁的小女孩。优步立即暂停了"合作伙伴"的账户，并称他"当时没有在优步系统中提供服务"[11]。

分享经济中共同承担责任之类的话实在是说得太多了。难怪特拉维斯的司机，那些他称为"交通企业家的人"要围堵优步。也难怪被优步司机撞死的索菲亚·刘的父母要起诉优步公司过失杀人。

被优步杀死的不仅仅是司机和行人。如果你不喜欢可以选择走路，优步对客人说。特拉维斯的智慧成果之一就是一项"高峰加价"服务——乱要价的一种委婉说法，这导致假日和天气不好的时候，价格会是平时的700%—800%。[12] 纽约2013年12月的一次强烈的雪灾天气中，一个倒霉的优步乘客花了94美元用11分钟走了两公里。[13] 甚至富人也对优步无法无天的加价感到愤怒，杰西卡·塞恩菲尔德，杰瑞·塞恩菲尔德的妻子也是在那次雪灾中花了415美元带着孩子坐优步穿过曼哈顿。[14]

优步以及其他一些创业企业，比如乔·杰比亚的爱彼迎和劳务网络 TaskRabbit 的商业模式都是规避旧有的20世纪条例，创造"当你想要它时如你所愿的东西"这种21世纪的商业模式。他们认为互联网作为一种超高效、在买卖双方之间无阻力的平台能够成为他们所谓的20世纪"无效率"经济的解决途径。虽然这些网络中的大部分活动都在美国政府的调查中，比如爱彼迎1.5万名纽约房东没有为出租所得交税。[15] 而TaskRabbit所谓的分布劳动力模式，据其CEO利亚·布斯克说只有一个简单的目标——"彻底改革世界劳动力"[16]，从布拉德·斯通所谓的低收入下等劳动里的"辛苦"和"倦怠的灵魂"中攫利。[17]

　　"这种改革性的从硅谷的便利性出发的产品并不是真正的技术革新，"博客博主、作家萨拉·杰斐提醒人们注意类似TaskRabbit这种劳动力中介在我们所处的越来越不平等的经济中扮演的角色，"这不过是几十年来分割工作、孤立工人、降低工资趋势的进一步发展。"[18] 随着2014年7月750万美国人找不到全职工作而只能做临时工，利亚·布斯克的"彻底改革"世界劳动力事实上不过就反映了一种新的低收入点对点项目工人阶级的存在，他们是一群被劳动力经济学家盖·斯坦丁称为"朝不保夕族"的人。[19] "随着零散活计比长期工作越来越容易获得，"《纽约时报》的娜塔莎·辛格尔对此提醒说，"这种高度不稳定的劳动力模式、自给自足的资本主义模式正在成为新型网络经济中越来越重要的一部分。"[20]

　　然而这些已经超出破坏者关心的范围，这些人未经我们允许，正在建立21世纪初期的分散资本主义结构。自由主义核心分子特拉维斯坚持认为市场最了解市场，它自会解决我们的所有问题。"当生活方式遇上算账。"优步经常这样形容自己在电子互联网时代的人和物运输方式平台任务。然而优步方式，这些"让市场决定"的公司，实际上是在为新贵族阶层的成员建造符合要求的奢侈服务产品高速公路。乔治·帕克认为优步等公司的设计初衷就是"解决 20 多岁、手里有钱的人的问题"[21]。在手机上输入需求，这些公司就会给你送来你想要的一切：临时的豪车、临时的工人、临时的老师甚至临时的货币比特币。这代表了艾恩·兰德对彻底私有化的自由市场的幻想：每个人的私人喷气式飞机、每个人的私人酒店房间、每个人的私人医生、每个人的私人雇员、每个人的私人慈善团体、每个人的私人经济。简短地说，每个人的私人社会。

特拉维斯对争议毫无不陌生。20 世纪 90 年代末期，他和合伙人一起创立的点对点音乐分享公司 Scour 和纳普斯特一样都对谋杀唱片业、让消费者能够从唱片产品中偷盗给予了帮助。特拉维斯一边在失败者大会的舞台上走来走去，就好像刚从艾恩·兰德的小说中走出来一样，一边把自己在 Scour 上的失败量化出来——世界上最富有的娱乐公司起诉他索要 2 500 亿美元赔偿。

"2 500 亿美元！"特拉维斯大喊，好像不相信这个惊人数目似的跳了起来，"那是整个瑞典的国内生产总值，一个中型欧洲经济体的国内生产总值。"[22]

在失败者大会的观众中，这些故事被虔诚地奉为信条，人们一起集体点头。只有硅谷才会被起诉 2 500 亿美元这么高的赔偿。一群业余的狗仔队甚至挥舞着他们的 iPhone 拍摄特拉维斯的照片——这是这些相信存在论"有图有真相"、没有在 Instagram 或者推特上公开的事没有真正发生的人表示赞同的最高形式。

坐在我旁边的一个邋遢年轻人似乎特别有感于特拉维斯失败的故事。"棒极了,"他跟同伴咕哝道,"真是太棒了。"

而他的同伴,看起来也很年轻、很邋遢,似乎比特拉维斯还要激动。"掉进了……该死的……深渊。"他补充说。他反复缓慢地重复这三个词,以至于每个词都听起来像一个单独的句子。

"掉进了……该死的……深渊。"

网络与不平等

在后来那天晚间失败者大会的鸡尾酒会上,我碰到了特拉维斯,一个我认识了将近 20 年的互联网创业企业家同伴。20 世纪 90 年代,当他在做失败的 Scour 公司时,我也在做自己失败的音乐创业企业"声音咖啡馆"。我们甚至拥有一些共同投资人,在同一会议上争论"破坏"的价值。他甚至还在我 2000 年办的一个关于音乐未来的活动上讲了话。但是和他相比,我的失败显得很可悲。我仅仅损失了投资人微不足道的几百万美元。而且没有人,我羞愧地说,曾向我索赔相当于一个中等欧洲国家国内生产总值那么多的钱。

"嗨,特拉维斯,敬失败一杯。"我向这个亿万富翁举杯说。特拉维斯当时正活蹦乱跳地和一群仰慕者同时进行交谈。

"哟,老兄,成功就是失败,"特拉维斯说,他停了一下,然后用拳头撞了一下我的杯子说，"失败得最惨的人就会赢。"

"呦，老兄，那你不就是最大的赢家。"我回答说，也笑了一下。

难怪失败者大会一直在 Kabuki 酒店举办，那就是一个古怪的剧场。我们在旧金山的行政酒廊里，被一群最成功、最有权势、最富有的人包围着。而这些贵族在做什么呢？他们在为失败举杯。是的，真理部真的已经搬到硅谷了。失败者大会正在围绕失败病毒建立一家媒体公司。失败者大会还衍生出了"失败者座谈"，让企业家"带着个人奋斗、迷茫、疑惑的故事来"[23]。失败者大会还走向了国外。失败者大会开到了德国、新加坡、法国、挪威、巴西、印度，最神奇的是开到了西班牙，这个绝对不缺乏"个人奋斗、迷茫、疑惑"的国家。

真相——关于失败的真相和硅谷老练的破坏辩护者们精心设计的词汇正相反。真正的失败是由于特拉维斯等坏蛋发明的产品破坏了产品价值的核心，360 亿美元的产业在 10 年间缩水成 160 亿美元。真正的失败是美国音乐产业 125 亿美元年销售额、超过 7.1 万个工作岗位、27 亿美元年利润都消失在类似纳普斯特和 Scour 这样的创新产品中。[24] 真正的失败是西班牙音乐由于网络盗版于 2005—2010 年的销售额下降了 55%。[25] 真正的失败是对西班牙音乐天才的扼杀，一个曾经拥有胡里奥·伊格莱西亚斯这样的国际巨星的国家，从 2008 年到现在，没有一个音乐人在欧洲能卖出 100 万张以上的唱片。[26] 难怪失败者大会会开到西班牙。

　　失败者大会已经遍地开花了。虽然嘲笑特拉维斯这种用可怜的口气吹嘘自己被诉 2 500 亿美元、盲目崇拜儿时偶像艾恩·兰德的自由主义小丑是令人愉快的，但现实其实一点也不可笑。在现今众多超高效的网络公司——谷歌、脸谱网、亚马逊、爱彼迎、优步等背后，在抨击传统市场规则、"免费"经济模式、用人工算法对付费劳动去中介化，我们每个人都主动无偿劳动的透明大数据工厂的背后掩藏着深深的失败——让人痛心的失败。真正的失败是，失败者大会上没有人想过和失败有关的事情——数字崛起本身。

　　互联网并没有回答当代的问题，这种利克莱德认为会"拯救人类"的人机共生实际上正在入侵我们生活的方方面面。我们拥有的装置不但没有创造透明性，反而让隐形的东西变得可见了。我们没有成为全球互联的网络公民，而是开始自拍。我们没有了乡村酒吧，只有蓄电池俱乐部。我们没有迎来文化的丰饶，而是后"黑胶唱片黄金英里"。我们没有繁荣的经济，只有罗彻斯特和纽约的市中心。

　　真理部重操旧业。在硅谷，每件事都和表面的说法相反。分享经济其实是自私经济。社交媒体的本质实际是反社会。文化民主的长尾理论实际是一个漫长的传说。"免费的"内容实际昂贵得惊人，互联网的成功实际是一个巨大的谎言。

　　掉进了……该死的……深渊。

　　我在失败者大会的鸡尾酒会上，和那两个特拉维斯讲话时坐在我旁边的邋遢的家伙喝了一杯。"所以，互联网，真的好吗？"我向他们问起利克莱德、保罗·贝恩、鲍勃·卡恩和温特·瑟夫创造的星际计算机网络，"它是不是还称不上真的成功呢？"

"成功？"他们中间的一个人重复着瞥了我一眼，就好像我刚被优步直升机卷着在地上转了一圈似的。

从某种程度上说，我确实被优步直升机卷进去了。在失败者大会这种散播福音的场合，我可能问了一个别人认为理所当然的问题。在这群技术人员中，我就好像是说了梵语或是斯瓦西里语。在硅谷，每个人都知道答案。答案就是一个类似爱彼迎这样连接买卖双方的超级高效、未经管控的平台。答案就是特拉维斯一辆车一辆车不按规矩建立起来的分散式资本主义。他们的答案是像 WhatsApp 一样用 55 个雇员，获得 190 亿美元售价的"精益创业"。他们的答案是将我们都变成人形广告牌的数据工厂。他们的答案是互联网。

"对我们所有人来说，"我一边解释说，一边在站满了超级富有的"失败者"的房间里挥舞着手，"但网络就是我们每个人的答案吗？它让世界变得更美好了吗？"

我的问题又引出了其他一些谎言，虽然和"失败就是成功"这种弥天大谎还有些区别，但也可能是真理部的产物。的确，他俩都使劲点头对此表示认同，互联网就是答案。

"网络给人力量，"其中一个人说，笑得很灿烂，"这是历史上的第一次。每个人都可以生产、谈论或是买任何东西。"

"是啊，这是一个平等的平台，"另一个补充道，"它让我们每个人在新财富中都能分一杯羹。"

网络给人力量？网络是平等的平台？这两个邋遢的家伙似乎谁也不知道硅谷之外的"人"和"平台"。优步昂贵的私人黑色豪车服务就是给他们这种手里有钱的 20 多岁的小伙子准备的。他们都是斯坦福大学的毕业生。两个人都在欲望永不满足的、以收集他人个人信息为业的大数据创业企业工作。这两个人都是助力未来越来越不平等的工程师，普通学生将会体验到稀缺经济，而不是剩余经济、政治、文化的力量。

"那是真的，"我说，"互联网是赢者通吃经济，社会正在形成两极分化。"

"证据呢？"一个工程师问，他不再对我笑了。

"对，我也要看你的数据。"另一个人也附和着。

"睁开你的眼睛，"我说，指着酒店窗户外旧金山繁忙的街道，"这就是数据。"

两极分化

旧金山的酒店门外，未来已经降临。借用威廉·吉布森的话说，这个世界的分配极其不均。优步商务豪华车列队停在俱乐部门外等着拉硅谷最成功的"失败"男人。其他网络交通平台的汽车也在酒店周围打转，比如 Lyft、Sidecar，一系列很相似的手机打车软件都在努力想从特拉维斯的 180 亿美元市值中分一杯羹。这些人只是想求条活路，这些立志成为企业家的互联网司机也有值几十亿美元的创业想法。[27] 所以甚至在这些未注册的出租车上，那些新一代的 WhatsApp、爱彼迎、优步的广告都不会放过你，虽然听起来都很空洞，与美化过的乞讨没什么区别。"旧金山，"一位数字掘金潮的观察者干巴巴地说，"到处都晃悠着没什么真本事的人。"[28]

旧金山街道上还有各种各样的公交车。一些游客乘坐的是顶层露天、红色的双层车。游客们用 Instagram 拍下这个全景海湾的一幕幕的美丽景色。旧金山的另一个不那么浪漫但是同样重要的特色就是这些公共交通工具。这些传统的交通工具，外表喷绘着明亮的橘色 "Muni" 标志。公交车由旧金山当地市政出资，人们只需要花一点钱就能乘坐。它们的窗户完全是透明的。硅谷的企业家和投资人大概会将这些公交车视为应该消灭的"遗留下来的旧产品"，它们现在看起来像是廉价劳动力"黄金时代"的遗产。那是一个平静的时代，一个挣工资的工人坐政府资助的交通工具上班的时代。

"我不明白为什么老人要坐'Muni'公交，如果我那么大岁数了，更愿意坐优步。"《洛杉矶时报》上刊登了一个硅谷技术人员不情愿地给一个老太太让座之后对朋友说的话。[29] 老太太乘坐公共交通，我个人认为，是因为她们能负担 0.75 美元的老年人优惠价。如果使用特拉维斯的优步服务又赶上加价，那么两英里的距离会要价 94 美元。

然后还有一种被旧金山作家瑞贝卡·索尔尼特统一称为"谷歌巴士"的交通工具。[30] 这些外表光鲜、更为强大的公交车，车窗和蓄电池俱乐部一样是黄色不透明的，车厢外没有任何标识，挡住了外界窥探的目光。与旧式的传统市政公交不同，谷歌巴士不是给所有人乘坐的，只有从旧金山昂贵的公寓到谷歌、脸谱网、苹果上班的技术工人才可以乘坐。仅仅谷歌一家每天就有100 多辆、380 个去往谷歌总部山景城的班次。[31] 这些装有无线网络的私人巴士每天在湾区公共汽车站总共大约停靠 4 000 次。这些科技公司甚至雇用了私人保安来保护他们的乘客（雇员）不被当地愤怒的居民伤害。[32]

当地人对谷歌巴士的愤怒导致 2013 年 12 月西奥克兰的抗议者袭击了一辆巴士，打碎了后车窗。汤姆·珀金斯愤怒地将这次事件比作纳粹德国的"水晶之夜"[33]。像是在纪念互联网诞生 25周年，抗议者在 2014 年变得更有一致的组织性。这些反贵族化的抗议者甚至走出了湾区，2014 年 2 月在西雅图街头也爆发了反对微软巴士的游行。[34]

那肯定不是什么"水晶之夜"。这跟种族灭绝完全无关，旧金山湾区的问题是技术公司员工和一般人之间越来越大的收入差距。从某种角度来看，湾区的失败和罗彻斯特一样具有地方特色。"几十年来，这个国家越来越不平等。"来自帕洛阿尔托的乔治·帕克悲伤地说，"硅谷是地球上最不平等的地区之一。"[35]

查普曼大学地理学家约尔·柯特金指出硅谷实际上的工作岗位在 2000 年网络崛起后的 12 年间大约减少了 4 万个。[36] 硅谷网络联合投资 2013 年的一份报告肯定了柯特金的研究成果，硅谷 2011—2013 年流浪汉的数量增加了 20%，领取国家失业救济的人数达到了 10 年来的最高值。[37] 在硅谷的地理中心圣克拉拉县，贫困率从 2001 年的 8% 上升到了 2013 年的 14%，领取救济金的人数从 2001 年的 2.5 万人增加到了 2013 年的 12.5 万人。

甚至那些非常幸运地在技术创业企业找到工作的人可能很快也会失去工作。根据劳工部劳工统计局的研究数据，2012—2013 年，新公司在第一年会开除 25% 的员工。这和已经成型的公司每年开除 6.6% 雇员的比例形成了鲜明对比。[38] 失败者大会发言人埃里克·莱斯创造的这种肆意摆布员工的所谓精益创业[39]，令岁数较大、需要养家、还房贷的人群在这个赌场经济社会里工作得更加艰辛。所以难怪硅谷的人口结构和美国其他地区的区别如此之大。还是来自劳工部劳工统计局的数据，美国工人平均年龄中位数是 42.3 岁，而谷歌雇员年龄中位数是 28 岁，脸谱网是 29 岁。[40] 甚至在甲骨文、惠普等已经算是比较成熟的技术公司，员工的平均年龄也显著低于美国的平均水平。

硅谷不仅仅对老年员工有偏见，女性也是受歧视的群体。"女人在网络上已经不受欢迎了。"女性主义作家阿曼达·赫斯说。女性在硅谷投资家的办公室里也不怎么受欢迎。虽然企业家、学者维韦克·瓦德瓦提醒说女性建立的创业企业通常比男性建立的创业企业资金更加充足、失败率更低、年收益更高，但女性在硅谷仍然很少见 [41]，这是个很令人不安的数据。硅谷只有不到 1/10 的风投创业企业是由女性领导的，其中纯粹由女性组成的团队只占 3%。[42] 据 Measure of America 估计，技术公司的工程师只有 2%—4% 是女性 [43]，而这些女性的收入不到男性的一半。[44] 同样令人不安的还有男性程序员之间盛行的性别主义文化，这些技术兄弟公开将女性视为性玩具。2013 年，TechCrunch Disrupt 展会上，甚至可以见到他们开发的用来羞辱女同事的"乳房分享"这种色情应用产品。[45] 这种文化充斥着整个硅谷，而整个技术产业中关于歧视的申诉在 2013 年激增。[46] 甚至约翰·杜尔和汤姆·珀金斯的那种风投公司都牵涉其中，一位前女性投资人起诉了他们。[47]

互联网也没有能让整个旧金山获利。一波又一波的投机技术潮已经令旧金山几乎变成了一个像波奇夫妇蓄电池俱乐部一样的私人俱乐部，名列美国统计局四大不平等城市之一。[48] 坐着双层巴士开心拍照的游客是没机会见到这种场面的。2013 年，旧金山的房价中位数已经达到了 90 万美元，平均每月房租 3 250 美元，已经超出这个城市 86% 的居民的承受程度。[49] 房客遭到驱逐的数量在 2011—2013 年也增长了 38%。这很大程度上是因为 1985 年的《埃利斯法案》（Ellis Act），它允许房东驱逐房客、结束合同。法案实行的同一时间内，驱逐的数量上升了 170%。[50] 那些所谓的互联网分享经济令问题更复杂了，2014 年法案实施后，爱彼迎上缺乏管束的房东为盈利驱逐房客的行为疯狂增多就是人们面临

的问题之一。[51] 旧金山的一位房客在 2014 年甚至以"不公平驱逐"起诉了 Russian Hill 的房东。他们以每月 1 840 美元租的套间被房东以每晚 145 美元的价格在爱彼迎上租给了其他人。[52]

"警告:两极分化系统。"旧金山 Mission Street 的抗议者在谷歌巴士外挥舞着这样解构式的标语。[53] 还有的标语写着:"公共 $$$$$$$$$ 私人盈利。"[54] 剩下的标语对那些昂贵的载着上层年轻白人向硅谷驶去的交通工具就没那么礼貌了。西奥克兰街上其中的一条标语写着"谷歌滚蛋"[55]。

瑞贝卡·索尔尼特提醒人们注意这些在公共区域停靠的私人公司的私人交通工具,"谷歌巴士"已经成为现今硅谷和其他人之间经济分化最重要的公共符号。

"它们在我看来就像外星飞船,"索尔尼特这样形容这种新的封建权力,"天神乘着它们统治我们。"

阶级之战

这些外星天神对这个城市里的穷人和无业者当然没有什么同情心。"旧金山无家可归的人是我见过的最疯狂的一群人。别给他们钱。还用说吗?他们肯定会用来买酒、吸毒。下次直接给他们伏特加和一包烟好了。"旧金山一位互联网创业企业的创始人曾经写了一篇臭名昭著的名为《10 件我最讨厌的事儿:旧金山版》的博客。[56] 另一位技术公司的创始人兼 CEO 更加口无遮拦,直接用"奇形怪状、堕落、垃圾"来形容旧金山的无家可归者。[57]

同样令人不安的还有这些技术精英对于湾区贫穷、饥饿问题的解决方式。2014 年 5 月，一年前曾试图在 Kickstarter[58] 网站上众筹一支私人民兵队伍的谷歌工程师、自由主义分子贾斯汀·特尼，想出了一个代替粮食救济的"食用产品"Soylent，他认为他的新型救济品能"用最简单的方式提供最多的营养"。

"为穷人提供 Soylent，他们能变得更健康、更有生产力。吃老式粮食救济品的你可能不健康，需要改善饮食。"特尼在推特上写道，完全没想过先与领取救济粮的人确认一下他们是否想吃这种被技术批评家亨尼斯称为"没味道的营养淤泥"的东西。尽管特尼让人联想起 1974 年反乌托邦电影中用死人制造食物的反社会试验[59]，但无论如何他还是于一个月内在 Kickstarter 上筹到了 100 万美元。

这个自由主义精英对工会和工人阶级也并没有什么感情。2013 年，当旧金山的地铁工会"湾区快速交通"（BART）工人罢工抗议自动化对他们的工作造成的威胁，以及在美国最繁华的城市里他们相对较低的工资时，这群技术人员的道德愤怒爆发了。

"我的解决方式是满足他们的工资要求，不论多少，然后努力寻找用自动化代替他们的方法。"一家科技创业企业的 CEO 在推特上写道。[60] 的确，谷歌购买的大部分机器人公司——Nest、波士顿动力，以及 DeepMind 都致力于用自动化代替像 BART 司机这样的劳动力。"到你附近的办公室工作。"我们已经被提醒过自动化技术对未来的影响。在谷歌研发无人驾驶汽车的同时，一些谷歌创意工程师很可能正在研发不需要司机、保安、检票员的自动化列车。

如果穷人和工会是硅谷技术精英眼中的麻烦，那么技术尤其是互联网就会是精英解决问题的方式。索尔尼特提醒我们这种现实的妄想症思维令这个曾经最多元的城市，历史上曾经的"持异见者、同性恋者、和平主义者和实验主义者"的避难所[61]，变成一个希望给人吃 Soylent，为了让员工失业而雇用他们，外包互联网经济的试验场。

技术或者至少技术公司在旧金山正变成代替政府的角色。旧金山市给本地参与慈善事业的互联网企业提供了很大的税收减免政策。结果自然诞生了一批自私的"慈善"项目，比如一家芭蕾舞公司为 Yammer 的员工免费提供一个月的舞蹈课程。"除了工作之外，还有鸡尾酒会，"BuzzFeed 对由于这种外包给推特等富有私人公司造成的结果这样描写道，"社区参与活动等同于技术人员在 Yelp 上给技术人员写评价，而一些'回馈'项目被同时简单地牵强附会成员工福利。"[62]

恐怕自由主义由私人企业代替政府的幻想就要成为现实了。"价值的创造不再来源于纽约、华盛顿、洛杉矶，而是来自旧金山和湾区，这对于很多人来说已经越来越显而易见。"硅谷风投资本家查马斯·帕里哈皮蒂亚自吹道。彼得·蒂尔也是"社会 + 资本基金"的投资人之一，他说："公司正在超越权力。我们正在成为变革和影响力最显著的推动工具与重要的资金结构。即便政府关门，也没有什么影响，我们的生活还会继续，因为政府本来就没有多重要。"

蓄电池俱乐部会员、优步的投资人谢尔文·皮谢瓦也用不到140个字的一段话表达了类似的技术自由主义者幻想。"让我把政府变成 TaskRabbit 和优步吧。"皮谢瓦在有 5.7 万关注者的推特上写道。[63]

他或许也提到了把经济变成 TaskRabbit 和优步吧，让我们把一切都变成所谓的分享经济、一个效率极高为网络买家和卖家服务的无缝连接平台。让我们外包一切劳动，每个人都按天、小时、分钟获得报酬。因为那是真正的湾区经济，奥克兰的一些居民甚至众筹了他们自己的私人警力[64]，脸谱网（毫无疑问）正在成为第一家在公司拥有全职"私人出资"社区警察的美国私人公司。[65]

皮谢瓦或许也会认为工会应当变成优步、TaskRabbit。既然有了 TaskRabbit 这样的自由雇员网络服务平台，一个能够提供比如给旧金山懒惰的"精英"排队买苹果手机这样短期"工作"的应用程序，工会或者其他保护工人权益的方法也自然派不上什么用场了，更谈不上集体共识和工作尊严了。TaskRabbit 甚至触怒了传统的自由雇员。美国自由雇员工会认为"这种将工作打碎成短期没有任何福利项目的趋势会带来很多问题"[66]。

TaskRabbit 称自己的苹果手机服务为"插队"。但实际上，经济体系正被那些富裕的白人年轻男性技术人员撕裂。这些失败者

大会参与者插到了队的最前边。这是个神和失业者、雇员、临时雇员两极分化的社会。整个经济社会中声音最小的人从事的是外包工作——为了劳动力网站 TaskRabbit 上一小时的工资愿意做任何事情，例如，清洁屋子或者帮人做浪漫的小事。TaskRabbit 在做的并不是世界劳动力改革，而是将生命商品化，从而任何事都能有一个价格，不论是买一朵玫瑰还是替人排队。

科技新贵

谷歌创始人兼 CEO 拉里·佩奇 2013 年 5 月在对公司网络开发人员的讲话中坦白了他梦想中的未来。"我们在做的事情可能只有 1% 的成功机会，我们要集中精力创造现在还不存在的事物。"他说 [67]，"如果我们可以预留世界的一部分，我想要火人节。一个人们能够创造新事物的环境。"所以，佩奇确实如批评者所说的那样，设计了一个"技术自由主义的乌托邦"[68]。

火人节是内华达州黑岩沙漠年度"激进自我表述"和"个人信心"[69] 的反文化庆典。它已经成为硅谷一项最时髦的活动，科技企业家带着他们的明星厨师，雇用一群"夏尔巴人"像伺候"国王和王后"那样伺候他们，在沙漠里搭起了带空调的帐篷。[70]然而，佩奇所想的是将火人节带出沙漠。"我认为技术人员应该有自己的安全区域来试验新产品，研究其对社会的影响。"他向程序员们解释说，"研究新技术对人们的影响，但是不将它带入真正的外在世界。"

　　然而佩奇，或者用硅谷人对这位美国前 0.000 1％的亿万富翁的爱称"拉里"，或许已经有了他眼中分离的"安全区域"。这个技术人员在现实社会中对新生事物进行研究的实验室已经存在了。火人节已经从内华达的沙漠中走了出来。这个实验室现在的名字就是旧金山。旧金山湾区已经不仅成为字面意义上的交通网络，同时也是"自我信心"激进实验的工具。作为我们时代最重要的社会实验，湾区已经成为一种自由主义幻想的代表，在这种幻想中，互联网公司可以将自己从更多的社会责任中分离，并用互联网技术代替政府。拉里·佩奇关于实现 1％的可能性并不值得多想。真正代表 1％的是这些像佩奇一样富有的硅谷企业家，他们大规模地从《纽约客》凯文·罗斯所说的"域独立宣言"中获得利益。[71] 这个幻想实验是一个关于外包劳动力，反对工会，信仰效率和自动化技术，公司充满自负的疯狂宣传，甚至使旧金山经济、文化鸿沟越来越深的一种疯狂庆祝。

　　从现实社会中抽离，彻底改变"新前线"神话，已经成为一种时髦的文化病毒，与宣传失败的邪教一样正席卷整个硅谷。贝宝联合创始人、特斯拉和 SpaceX 的 CEO 埃隆·马斯克正计划在火星上建立 8 万人的高科技殖民地 [72]，与此同时，其他人正集中精力在北加利福尼亚建立他们幻想的高科技殖民地。硅谷第三代风投家蒂姆·德雷伯正在组织一次公投将加利福尼亚重新划分成 6 个独立的州，其中一个就是"硅谷"[73]。另外，在失败者大会上发过言的风投维诺德·科斯拉已经取得了成功。他花 3 750 万美元在旧金山南部不远的小镇半月湾买了一片 89 英亩的房产，切断了到他房子附近一片人们很喜欢的海滩的路。[74]

巴拉吉·斯里尼瓦桑（斯坦福大学讲师、创业企业家）把这种抽离的幻想推向了新的高度。在保罗·格雷厄姆的"Y Combinator"失败者大会上，斯里尼瓦桑提出了他所谓的"硅谷终极退出"的概念，将硅谷从美国完整分离出来。"我们要在美国以外建立一个可以选择性加入、用技术统治的社会。"他说。描述了一个把硅谷变成自由岛的疯狂幻想。《连线》杂志的比尔·瓦希克嘲讽他的概念就是"离岸自由主义的贵族统治"[75]。而一群"自由主义"信仰者——彼得·蒂尔投资、自由主义市场经济学家帕特里·弗里德曼创立的海上之家协会已经开始设计漂浮在太平洋海岸外的乌托邦。[76]

所有这些分离幻想的背后是一个将硅谷的富人和穷人分离的确定现实。忘了自由主义的漂浮乌托邦吧。旧金山正在出现两个根本不平等的世界，一个给富有技术族的特权私人场所，一个给所有其他人的破烂工厂。它代表了乔尔·科特金所谓的"高科技版的封建社会"[77]，人们似乎生活、行走、工作在同一个物理空间中，实际上处于两个不同的世界。这一对不同的世界被《纽约时报》的蒂莫希·伊根形容为"不平等的实质"。湾区生活质量高低的区别影响着房地产、交通、公司结构等。

谷歌，这个世界最大、获利最多的世界工厂的主人和操纵者，主宰着这片重新建立起来的封建领土。就拿坐飞机来说，当我从旧金山到罗彻斯特时，从没意思的芝加哥奥黑尔机场转机，99%其他的普通旅客都是乘坐排好班次的固定航班，飞机常常既拥挤又可能会晚点。然而谷歌的联合创始人拉里·佩奇、谢尔盖·布林，首席执行官埃里克·施密特等亿万富翁不仅乘私人飞机出行，甚至在美国国家航空航天局艾姆斯研究中心拥有自己的湾区机场。佩奇、布林和施密特有6架昂贵的飞机：执行国际飞行的波音757、767飞机，还有三架湾流5长途喷气飞机，一架可以进行射击，发射火箭和导弹的达索·阿尔法轻型战斗喷气机。最重要的一点，对于佩奇、布林和施密特来说，美国国家航空航天局因为谷歌使用廉价燃料而对其进行了补助，之后督察人员却认为这是因为"误解"了定价。[78] 所以谷歌的很多国际行为，从非洲的慈善工作到参加达沃斯论坛，都得到了公共资金的支持。

谷歌要重新建立现实的决心从他们计划创建中世纪围城风格的新办公总部"湾景"就能看出来，配有封建色彩很浓的封闭办公区、餐馆、健身房、洗衣室、托儿所甚至宿舍，完全切断了谷歌特权工人和周围其他事情的联系。据《名利场》杂志说，这个110万平方英尺的新办公总部将会严格按照算法原则组织，员工和员工之间的最远距离不会超过2.5分钟。[79] 这个建立在我们免费劳动基础上、恐怖的湾景办公室将会拥有9座一模一样的四层楼建筑，用最大化"员工因果关系"的方式进行设计。

虽然计划中的"湾景"总部不像旧金山的双层旅游巴士顶上

的风景那么好，但对于谷歌员工来说，他们都将能够乘坐公司的游艇，观看景色，进出湾区。[80]

天气好的话，他们甚至能从办公室看到像电池那样大小，可以在往返湾区当中培训新员工的四层楼高的大型游艇。[81]船、大型游艇、飞机、大巴都被谷歌重新改造了。员工可以坐在快速、豪华、私人的交通工具上，使用公共资金支持的高速公路、海洋航线往返湾区。说不定谷歌还会开自己的"湾景"机场，建立一队达索·阿尔法喷气机战队驱逐火星或者华盛顿来的侵略者。

想让当代现实重归高科技城堡、护城河、灯塔的巨型科技公司远不止谷歌一家。硅谷正在自我转化成一幅画面极不和谐的中世纪舞台布景，领救济金的失业者开始聚集，贫穷、犯罪率高的东帕洛阿尔托，点缀着一些由诺曼·福斯特和弗兰克·盖里设计的自给自足的科技城。

被控在2009—2012年偷税漏税440亿美元的苹果公司[82]，则正在建一座由诺曼·福斯特设计的2 800万平方英尺的四层环形大楼。大楼包括有1 000个座位的剧场、3 000个座位的咖啡馆以及供1.3万名员工办公的空间[83]。乔布斯去世之前曾说福斯特的设计看起来"有点像外星飞船"。埃隆·马斯克应该记下笔记。毕竟，如果火星人的建筑已经占领了湾区，建立火星殖民地的意义又是什么呢？

还有马克·扎克伯格雇弗兰克·盖里为脸谱网3 400名员工设计的"世界最大的开放空间办公室"[84]。扎克伯格的新办公室看起来就像脸谱网公司一样，是完全不透明的秘密公司，通过假装透明和公开来建立自己几十亿美元的品牌。这座建筑内部或许是"开放的"，但就和谷歌、苹果等硅谷星罗棋布的公司一样，对于外界它是坚决封闭的。扎克伯格确实是个人信息透明的宣传者，承诺"公开"和"合作"，然而他自己买了帕洛阿尔托住宅周围的四栋房子来保证自己的隐私绝对不被外界侵犯[85]。

和中世纪一样，谷歌、苹果、脸谱网已经将自己和周围日益贫困的世界分离开了。这些公司为员工提供的诸多免费服务——美食、保姆、健身房、干洗、医疗服务甚至住房，正在摧毁周边依靠当地工人生存的商业模式。同样的现象也发生在旧金山。推特的新市中心办公室内部有一个叫作"The Commons"的餐饮区，随时为员工提供美食。然而《纽约时报》的艾里森·阿瑞弗说推特这些美味的免费饭食正在摧毁周围本地的饭馆和咖啡馆[86]。所以结果还是多重意义上的增加距离。《旗帜周刊》的夏洛特·艾伦把这种现象称作湾区数字亿万富翁和普通人之间的"硅谷鸿沟"[87]。

"这和乡绅化正相反[88]，"一个当地的批评家写道，"乡绅化的反面是那些倒霉地住在这些'外星飞船''人工算法'大楼附近的穷人。"先不谈硅谷提出的"地区独立宣言"，谷歌、苹果、脸谱网、推特等互联网公司实际已经宣布独立了，不论是它们的建筑，还是和周围其他一切事物的关系。数字封建领主已经和普通民众分离了，这就是最后的结局。

结 语

答 案

硅谷的华服聚会

我第一次见到蓄电池据俱乐部的主人迈克尔·波奇，是在马林县的一个舞会上。位置就在金门大桥旁边，汤姆·波奇一栋标志性的房子所在的社区。那是一次有点无聊的怀旧（20世纪60年代）舞会，大家都穿着喇叭裤、玛丽·奎恩特迷你裙以及代表了50年前反文化潮的乱七八糟的T恤。作为一个文化活动，它和拉斯维加斯的威尼斯人酒店一样说不上有多正宗。个头不高、戴眼镜、一头金色蓬发的波奇不穿紧身的紫色T恤，加上配套的头带，就已经非常嬉皮了。这个英裔美国人身上有种轻飘飘的奇怪气质，就好像他刚刚从外星飞船上下来。

我们在满是狂欢的人的热水浴缸边上聊了两句。"嘿，老兄！"我问他，试图跟上晚会的节奏，"你怎么样？"

波奇当时就在鼓弄他的蓄电池俱乐部。加利福尼亚温柔的夜色中，他向我讲述了"非俱乐部"的想法。他解释了会如何将不同的群体融合在一起。"不同思维的人"，互联网程序员波奇这样超然地形容。对于他认为能够建立社群，增进理解的"社交项目"，他描述得十分冷静。波奇半英式的口音、特立独行的气质令人感觉像是边沁在用数学般准确的语言描述最大幸福理论的社会功用。

"怎么才能成为俱乐部的会员呢？"我问。

"我们希望有各种不同的人，我们欢迎任何有新颖想法的人，"他带着美国太平洋海岸中部口音慢吞吞地说，"尤其是那些想跳出传统框架之外的人。"

"听起来像互联网，"我说，"或者乡村俱乐部。"

"没错。"他面无笑容地说。

"那我能加入吗？"

这个社会工程师怀疑地盯着我看了一会儿，以我跳出框架的思维能力，我感觉他有点不太确定。"你必须由一位成员提名。"他含糊地说。

但他确实邀请我去蓄电池俱乐部看看。"谢谢，"我回答他说，"我会去吃个午饭。"

"酷。"他说。

不过"酷"，一旦真正反叛就变得"不再酷"。

这种反叛、破坏性的"酷"已经成了我们网络时代的正统教义。托马斯·弗里德曼将这种全球性的潮流，这些所谓的国际高端的新达沃斯人，称为"成直角的人"[1]。不过我们时代真正"成直角的人"认为自己具有独特的破坏性。"如果你需要让世界知道你很独特，"《金融时报》的爱德华·卢斯干巴巴地说，"很有可能你并不怎么独特[2]。""硅谷的'酷'资本主义。"《观察家报》的尼克·科恩警告人们小心波奇、凯文·斯特罗姆等外星霸主。这些人已经被巧妙地宣传为科恩所说的互联网资本主义"无边未来"的标杆。这种对网络自由主义不加限制的崇拜以及对政府的厌恶正在摧毁社会中原本的工作，"而不是创造新的工作"。科汉解释说："这已经让贫富鸿沟[3]问题变得更加复杂。"

　　这种无限破坏性的自由主义，唯一的规则就是没有规则的起源可以追溯到20世纪60年代。斯坦福大学历史学家弗雷德·特纳认为，这种对层级和权威的历史性厌恶，特别是对政府传统角色的厌恶是从WELL的创立者斯图尔特·布兰德以及"网络独立宣言"的作者约翰·佩里·巴洛等互联网先锋的反文化思想中继承发展而来的[4]。特纳说硅谷已经成为马林镇的华服聚会。我就是在那儿见到迈克尔·波奇的。这种聚会是像波奇这样脱离了时间和空间的人对20世纪60年代的怀念与幻想。

　　借用苹果最广为人知的营销语言，每个人现在都应该"非同凡想"（Think Different）。在当下这个离经叛道成为正统教义的世界里，那些本应最独特的思考者，那些从他们传统框架中跳出来的人被宣扬成了新的摇滚巨星。唯一的规则就是没有规则，为"非公司"工作，参加"非俱乐部"，出席"非会议"。但今天的这些技术嬉皮士没有他们自己想象的那么酷。史蒂夫·乔布斯，硅谷"现实扭曲场"之父、崇拜鲍勃·迪伦曾在嬉皮士聚集地居住了整个夏天的新颖技术嬉皮士，同样将苹果的产品生产外包给了有 43 万工人的深圳富士康工厂[5]。美国议员卡尔·列文认为苹果公司在乔布斯的管理下收益惊人，每小时精明避税的金额达到了 100 万美元[6]。负责避免向美国政府缴税计划的苹果公司会计的座右铭可能不是"非同凡想"，而是"不负责任"。这甚至可能是不法行为，而不仅仅是道德问题。

那么，我们到底怎样才能对这个危机有不同想法呢？怎样才能给破坏者们搞搞破坏呢？

给破坏者搞破坏

不同的人——活动家、作家、企业家、学者、公务员对网络为什么不能实现它反复宣扬的承诺的答案五花八门，其数量就和他们对当今互联网社会存在的问题一样多。其中一些答案有逻辑，也说得通，但总的来说都是对糟糕的经济、社会脱节可以理解的反应。

对于愤怒的人们来说，下意识的反应就是砸烂谷歌巴士的玻璃，要求"解散技术工业社会"[7]。对于善于思考的人来说，答案则是通过"数字戒除"（technology Sabbaths）[8]关闭网络，或者加入"慢网"（slow Web）运动[9]。对于理想主义的互联网先行者蒂姆·伯纳斯·李来说，答案就是建立一个在线的"大宪章"，一个保护互联网在政府和互联网公司中保持中立、开放的数字权利法案[10]。而对于其他具有公共精神的技术人员来说，答案就是发展"不追踪的"反谷歌、反脸谱网产品，例如，搜索引擎 DuckDuckGo、开源非营利社交网络 Diaspora，甚至还有人野心勃勃地想要建立新的互联网分中心项目"Bitcloud"[11]。对"流行科学"这种厌倦了大多数不理智的用户生产内容的小众网站来说，答案就是禁止匿名评论[12]。对于德国，答案就是默克尔2014 年的提议，建议建立一个欧洲网络，数据绕过美国[13]。

德国的答案甚至可能是谎言，对讽刺的讽刺，重新回到斯塔西时代的技术，用线性打字机进行秘密交流，从而避免外国的刺探[14]。

对于雅龙·拉尼尔等文化理论家来说，答案就是"重塑"互联网内容的商业模式，让它变得"多层次、多样式、一点点高贵起来"[15]。对于政治批评家，例如，技术学者吴修铭、《金融时报》专栏作家约翰·加普来说，答案是互联网企业家从他们"叛逆的青春期"中成长起来[16]。对于人道主义者尼古拉斯·卡尔来说，答案是在互联网工具塑造我们之前，塑造这些工具。对于互联网批评家、Talking Heads 的创始人、作词家大卫·伯恩来说，答案就是没有答案。"有了互联网之后生活是什么样的？"伯恩问道（带着一种黑色幽默的味道），"我的意思是没什么是永远的，不是吗[17]？"

欧盟对于数据隐私的敏感性格外高。欧盟的一个富有争议性的答案就是制定一部保护"被忘记的权利"的法律，禁止不准确，或者准确但毫无修饰的网络搜索引擎链接。虽然这部法律目前看来还不是很现实[18]，却是关于控制网络不实信息法律讨论的重要开端。"困惑的天才们"，比如发明超链接的泰德·尼尔森可能会认为互联网不应该具有"删除的概念"，但对我们其他人而言，尤其是名誉受到网络恶意诽谤伤害的人来说，关于"被忘记的权利"的立法能让我们删除那些带有谎言的链接。

然而如果答案只有一个，解决互联网失败的方法只有一个，那肯定是除了"忘记"以外的方法。答案更多地与"记忆"有关，是人类的记忆而不是计算机的存储。答案就是历史。

脱离时间和空间的不仅仅是迈克尔·波奇。或许福山认为历史结束于1989年，然而1989年除了世界历史性事件之外，蒂姆·伯纳斯·李发明的万维网在无意之中制造了一个更让人困扰的历史终结版本。

"我最近带着16岁的女儿阿黛尔参观了作为德国、欧洲历史博物馆一部分保存下来的一段柏林墙，那天早上柏林天气晴朗。"《纽约时报》专栏作家罗杰·科恩这样描写道，他再次来到埃里希·米尔克和斯塔西曾经所在的柏林，"出生于1997年，20世纪尾巴上的阿黛尔走来走去。她仔细打量着这些遗迹，不时在手机上刷刷脸谱网。'这看起来那么久远。'她说，向后靠在墙上，'我是说，这看起来像是来自19世纪[19]'。"

阿黛尔·科恩多少还有点历史概念，虽然她的感觉有百年的误差。不过很多年纪和互联网的历史同样长的人对于时间的概念只有现在。正如《卫报》的乔纳森·弗里兰解释的那样，当今的网络一代，忙于"Instagram 和 Vine"，创造了一种亲密、长期线上的文化，就好像一张消失的快照，什么也没给社会留下。"关键是，人类生命中最重要的一部分——记忆，正在被数字革命改变。"弗里兰提醒说[20]。最大的讽刺是，互联网对一切的记忆越是准确，人类的记忆就会更加萎缩。其结果就是对除了马上、当下、此时和自我以外的一切的一种记忆缺失。作为共享的公共记忆的历史已经结束了，对过去和未来的集体参与已经结束了。"曾经我们对未来有种乡愁，"马克·里拉提醒道，"现在我们有的是对当下的记忆缺失[21]。"

　　"自由主义时代，"里拉说，"是一个难以辨别的时代[22]。"但这似乎不是非常准确。可能对于里拉这样的传统历史学家而言，这个时代是难以辨别的，但是对于美国媒体理论家道格拉斯·洛西科夫这种有经验的网络社会观察家来说似乎又并不模糊。"我一直很期待 21 世纪。"洛西科夫在他 2014 年出版的《当下的冲击：当一切都正在发生的时候》（*Present Shock: When Everything Happens Now*）一书中写道[23]。然而洛西科夫认为"期待"在我们这个拥有实时技术的互联网时代已经过时了。20 世纪的未来主义，她说，已经被纷乱的、和爱立信斯德哥尔摩总部墙上乔纳森·林德威斯特那幅点彩派图像类似的 21 世纪"当下主义"文化取代了。洛西科夫认为，现代人更多的都是"当下主义者"，深陷各种推特、更新、邮件、即时消息的陷阱。"这种'长篇叙事的崩溃'，"他说，"解释了我们超高速链接的世界，令互联网世界更容易读懂。"

反抗世界、立异地思考、质疑硅谷非历史性的自信，意味着恢复集体叙事的权威。通过 19—20 世纪历史的镜头，我们会对 21 世纪互联网对社会产生的影响做出最佳的解释。过去的事情让当下的事情更容易读懂。这也是最能有效地让人从互联网自由乌托邦主义中清醒的一剂特效药，比如那个把互联网想象成马林县一袭华美服袍的约翰·佩里·巴洛，他住在马林县不过是巧合罢了。"工业世界的政府是令人厌烦的巨人，而我来自网络空间，思维崭新的家园。"巴洛在他的《网络空间独立宣言》中写道。将互联网想象成时空之外的神奇之地、一个没有固定地点、超脱于传统法律权威之外的幻想，已经成了硅谷叛乱的标准解释。难怪西恩·帕克、彼得·蒂尔之类的自由主义亿万富翁企业家要将托尔金的小说《指环王》当作他们的小众教义。据一位英国科技记者说，蒂尔"最诡异的创业企业"就是用托尔金《指环王》三部曲里水晶球的名字 Palantir（帕兰提尔）来命名的。[24] 而帕克无耻地花了 1 000 万美元，于 2013 年 6 月在有着仿中世界石头城堡、大门、大桥、廊柱的加利福尼亚森林里举办了一个俗气的"指环王"式婚礼。

"有史以来第一次，任何人都可以生产或购买任何东西。"我在失败者大会上遇到的一个年轻工程师信誓旦旦地说，他明确了自己对互联网的信仰，认为互联网代表着一个托尔金式的童话。但是，他错了。这并不是第一次，也不是最后一次，信徒们用"有史以来第一次"这种夸张的语言来吹嘘一个其实并不新颖的革命。的确，分中心的互联网偶然地创造了保罗·巴兰、罗伯特·卡恩等冷战时期的科学家。的确，今天工业时代的数字工厂在很多方面和过去工业时代的工厂不一样了。的确，互联网科技正在彻底改变我们彼此交流、做生意的方式。但是，虽然技术都是新鲜的，却并不能改变世界权力和财富的角色。甚至，当涉及钱和影响力的重要性时，硅谷就像蓄电俱乐部酒窖里那 3 000 瓶古董酒一样传统了。

　　历史在很多方面都在自我重复。当今的数字革命代表了麻省理工学院的埃里克·布林约尔松以及安德鲁·麦卡菲所谓的"第二次工业革命"。特拉维斯·卡兰尼克、彼得·蒂尔这样的"坏蛋"企业家和第一次工业革命时期的强盗贵族有很多共同点。亚马逊、谷歌等互联网垄断企业和工业时期膨胀的跨国企业越来越像。18 世纪约克郡服装工人的抗争和今天人们对谷歌、优步、爱彼迎等公司的员工的抵制活动没有什么区别。数字时代，人们对"数据废气"的污染不断增加的关注已经等同于对环境运动的关注。脸谱网、YouTube、Instagram 等 Web 2.0 公司已经将 18 世纪边沁兄弟的圆形监狱变成了数据工厂。边沁的功利主义，那个量化人类的各种状况的变态项目，已经再次成为量化自我运动的遮盖。甚至，19 世纪边沁的功利主义和约翰·斯图尔特·穆勒自由主义就个人权利的争论都再次出现在哈佛法学院卡斯·桑斯坦所谓的"自由主义家长制政治学"中——在这个政府通过与家长制公司安客诚、帕兰提尔等公司合作获得越来越多关于每个人的个人信息，[25] 脸谱网、OkCupid 等公司进行秘密实验试图控制我们情绪的世界里，"穆勒维尔"和"边沁维尔"之间关于"推动"角色的斗争。

尼克·科恩把这种"酷资本主义"形容为互联社会中我们"无界的未来"[26]。然而当保罗·巴兰、文特·瑟夫、蒂姆·伯纳斯·李等人有意识地将网络设计成一个无中心的结构时，这种分散式的构建并没有延展到金钱、权力等重大领域。因此，未来其实和过去一样还是"有边界的"。这个世界的中心就是硅谷，迈克尔·波奇等数字时代外星领主的所在。

媒介不是信息

2014 年 5 月，我和亚力克·罗斯（希拉里的前创新事务高级顾问，能说会道的互联网布道者）一道在布鲁塞尔的欧洲议会上发言[27]。在这个有着重要影响力的政治房间中，一些最具创新性的互联网法案正在起草中，比如欧盟的"被忘记的权利"法案，罗斯陈述了一个关于 21 世纪网络社会的二进制展望。他预言，所谓的"从等级制向网络公民的权力移交"中的重要区分将是优秀的"公开"社会和不好的"封闭"社会的区别，不会取决于左派和右派的意识形态差别。

　　然而，和约翰·佩里·巴洛以及《不经许可》一书的作者
亚历克西斯·瓦尼安一样，罗斯也将媒介当成了信息。麦克卢汉
说："我们塑造工具，工具也塑造着我们。"而这些福音者传播的
错误就在于他们把互联网开源、无中心的技术自然而然地翻译成
了一个等级减少、不平等减少的社会。然而当缺乏约束的网络社
会正在打破旧有的中心，令社会经济和文化的不平等更加复杂，
创造出数字时代宇宙的主宰时，却并没有变得更加开放，阶级制
度也没有被废除。新兴的权力或许植根于无界的网络中，不过其
含义仍旧是属于一小部分公司和个人的巨大财富和权力。

　　"用达尔文主义的术语表述这些新兴的商业巨头不过就是上
市公司进化的最新形式。"互联网历史学家、记者约翰·诺顿在
说到脸谱网、雅虎、亚马逊、谷歌等"开放的"互联网公司时
提醒道，"它们的存在就是为了给它们的创始人和股权人创造财
富——巨大的财富。它们的需求就是发展壮大，统治所在的行
业，并向能够触及的地方发展。对待工会、税收、规则，这些公
司的态度和约翰·戴维森·洛克菲勒、摩根士丹利、安德鲁·卡
内基一样恶劣。唯一的区别就是，这些新巨头雇用的人员更少、
边际效益更高、更常被前辈而不是被政府困扰[28]。"

　　罗斯和瓦尼安等网络福音派沉迷的"开放""不经许可的"
未来，没有从过去吸取教训。第一次工业革命总体而言是成功
的，因为它将开放融于新的法律来调节剩余价值。乔治·帕克所
谓的罗斯福共和国的"巨大平衡"以及被哈佛经济学家克劳迪

娅·戈尔丁和劳伦斯·卡茨所说的劳动力的"黄金时代",是靠对劳动法、税收、工作环境、竞争以及最重要的反垄断的有效管理才得以保证的。强盗巨头约翰·戴维森·洛克菲勒、工业寡头标准石油公司都不是自己离开的,而是被立法驱逐的。

正如著名的纽约大学、伦敦经济学院社会学家理查德·塞尼特所言,这些改革论者实际"非常重视通过技术的力量来建立更好的社会"。"然而与硅谷那些年轻的普通亿万富翁不同,"塞尼特解释说,"一个世纪前的改革论者认为一旦拥有了权力,财阀最终将会扼杀威胁自己领域的天才们。"[29]这就是为什么,在塞尼特看来,"是时候解体谷歌了"。"原因非常简单,"他说,"跟苹果以及其他很多大型技术集团一样,这家公司太强大了。"

"如果罗斯福,这位令标准石油信用破产的美国总统还活着,"塞尼特说,"在我看来,他会把火力对准谷歌、微软和苹果。我们需要有类似勇气的当代政客。"[30]

"想象一下,在1913年,邮局、电话公司、公共图书馆、出版社、美国地质学地图绘制所、电影院等都被一家不对公众负责的秘密公司把控着,"瑞贝贝·索尔尼特这样评价谷歌的垄断力量,"回首一个世纪前,我们在网络世界中大约也处于相同的地位。"[31]

互联网大失败最重要的解决方案存在于欧盟议会、美国国会等"经过我们许可"能够管控谷歌等"秘密"垄断集团的政体之中。2014年4月,欧洲最大的报业公司德国斯普林格出版社的老板，对谷歌试图建立"数字超级国家"的公开批评者——马蒂亚斯·多普夫纳说："布鲁塞尔的机构从没像现在这样重要。"[32]

答案是 GigaOm 专栏作家马修·英格拉姆揭示的互联网在塑造我们之前就塑造互联网准寡头。[33] 答案是理查德·塞尼特所说的"勇敢的政客"能够站出来对抗谷歌这样的准寡头。答案是可靠强大的政府能够站出来对抗硅谷大数据公司这样的"外星势力"[34]。答案是欧盟竞争总署委员杰奎英·阿尔穆尼亚对谷歌进行的激进的反垄断调查。答案是像英国下院公共事务委员会主席格丽特·霍奇这样一边调查谷歌在英国的避税计划，一边告诉谷歌执行官其公司的税务行为"狡诈、精于算计，在我看来，缺乏职业道德"[35]。答案是像电子隐私资讯中心执行官马克·罗滕伯格所说的那样"强行"对"有史以来最大的违规"——秘密地从个人家中收取信息、截取个人无线网络通信的谷歌"街景"地图项目进行罚款[36]。答案是像意大利政府坚持的那样要求谷歌遵守欧盟法律，在建立一位互联网用户的档案之前先征求其同意[37]。

人们需要做的不仅仅是靠政府出面对付谷歌。答案同样存在于对其他互联网巨头，比如亚马逊的勇敢政治对策中。2014 年 7 月，史蒂夫·沃瑟曼在《国家报》上问了正确的问题："司法部门什么时候才会对亚马逊采取行动？"[38] 因此，我们应该对德国反垄断机构卡特尔局 2013 年在调查亚马逊针对第三方不公平竞价中做出的努力感到庆幸[39]。我们应当欢迎 2014 年 7 月美国联邦贸易委员会做出的起诉亚马逊涉嫌允许儿童不经授权在应用商店消费几百万美元[40]。我们应当鼓励国际机械师和航空航天工人协会的工人请求美国全国劳资关系委员会同意仓库工人建立他们的第一个工会[41]。最重要的是我们应该鼓励丹尼斯·罗伊·约翰逊的梅尔维尔出版社这样的小出版商，在图书领域挑战越来越具有垄断力的亚马逊。"这怎么不算是勒索？"对于 2014 年由于德国出版商阿歇特、邦尼等没能与亚马逊达成其要求的更大折扣、更多市场营销费用的商业协议，亚马逊决定延迟发货，约翰逊质疑道，"你知道的，这样做是违法的，他们与黑手党别无二致。"[42] 像布拉德·斯通所说的那样，亚马逊正在变得"在图书和电子产品市场中越来越庞大"。这也是为什么他认为反垄断权威将无可避免地彻底审查亚马逊的市场力量。[43] 希望在亚马逊变成彻底的"万货商店"之前，能有政客足够勇敢地挑战贝佐斯。

不是的，互联网不是答案，尤其是当面对优步、爱彼迎等点对点网站所谓的分享经济的时候。好消息是，像《连线》的马库斯·乌尔森所说的那样，出行和房屋出租分享网站越来越像"西部的落日"[44]。美国克利夫兰和德国汉堡的税务部门、市政官员，开始意识到很多点对点的房屋出租和共乘应用程序都是对地方及国家住房、交通法律的破坏。《金融时报》所谓的"法规的后坐力"[45] 限制了优步在紧急情况下的加价[46]，并强制让爱彼迎房主在家中安装了烟雾、一氧化碳检测器[47]。"一家公司没有店面并不意味着消费者保护法不适用于这家公司。"[48] 正在试图调取并公开纽约州爱彼迎用户信息的纽约州首席检察官埃里克·施尼德曼说

⁴⁹。纽约市政党"工作家庭"（Working Families）⁵⁰解释说："不管爱彼迎公司怎么辩解，这个城市的房租正在因此升高。"

答案就是用法律和规定迫使互联网结束它无限延长的青春期。不论是费城 2013 年禁止 3D 打印武器⁵¹，2014 年欧洲人权法庭裁定网站有责任管理用户留言⁵²，加利福尼亚州长杰瑞·布朗 2013 年提出将网络报复性黄色内容列为非法内容⁵³，法国禁止打折书籍免费送货的所谓反亚马逊法⁵⁴，还是托马斯·皮克迪提出对马克·扎克伯格、拉里·佩奇在全球征税，这些积极的立法正是令互联网变得更公平、美好、有效的方式。真正应该要问的不是互联网给生活带来了什么，而应问如果政府部门对疯狂的西部式互联网开放进行干预，那么生活会变成什么样。

不过这些外部管控并不总需要由政府发起。对抗网络盗版最为有效的策略之一就是自主地联合整个互联网经济中私人公司的市场导向解决方案，这其中包括内容制造者、互联网服务提供商甚至搜索提供者。还有一个例子是 2011 年为了减少网络盗版，由美国电话电报公司、有线电视、康卡斯特、时代华纳有线、威瑞森以及主要唱片公司共同签署的一份自愿协议，即所谓的六方强制计划⁵⁵。从 2011 年 6 月开始，美国运通、发现卡、万事达卡、贝宝、维萨等和伦敦市警署一起进行将支付给传播盗版内容的网站款项撤销的尝试⁵⁶。2013 年 7 月，美国在线、康泰纳仕、微软、雅虎、谷歌等都签署了交互广告局致力于减少网站非法内容广告收益的一项计划⁵⁷。这些私人自发的努力应该被视为政府治理网络行动的补充，而不是相互冲突的部分。确实，正如美国知识产权执法协调员维多利亚·埃斯皮内尔所说的那样，2013 年交互广告局的计划实际上将会"进一步促进开放网络创新的可能性"[58]。

约翰·佩里·巴洛、亚历克西斯·瓦尼安等自由主义者无疑会反对埃斯皮内尔的观点，主张对互联网任何形式的外部控制都会阻碍创新。然而这是错误的，正如美国在线的创始人史蒂芬·凯斯所说的那样，"未来教育和卫生等领域的互联网革命"还要与政府建立合作关系[59]。萨塞克斯大学的经济学家玛丽安娜·马祖卡托甚至在她最重要的著作，2013 年的《创业邦》（*The Entrepreneurial State*）一书中指出，许多重要的发明，包括 1989 年蒂姆·伯纳斯·李利用 CERN 开发的世界万维网，都始于公共区域[60]。马祖卡托说甚至谷歌和苹果，最开始的支持都是来自公共资金。苹果上市前最开始得到的是 50 万美元的政府贷款，谷歌则是得到了谢尔盖·布林的助力斯坦福校友的国际科学基金的帮助[61]。

我不太确定加拿大政治理论家迈克尔·伊格纳季耶夫说得是不是太过了，他的答案是"一个能够驯服这些机器的新时代俾斯麦"。但伊格纳季耶夫的问题是 21 世纪早期我们每个人都面对的最重要的问题之一。"一个困扰各地民主政治的问题，"他说，"是政府能否掌控席卷社会的技术旋风。"[62]

伊格纳季耶夫问题的答案是肯定的。政府的存在令我们能够塑造自己生存的社会形态。没有其他方式能够控制技术变革。分散式资本主义、点对点政府、大规模开放在线课程、数字工厂、让少数互联网企业家掌权、暴富的其他一些自由主义者计划都无法做到。从罗彻斯特市中心到伦敦的伯威克街再到硅谷，技术旋风造成的伤害远大于其带来的好处。互联网当下的巨大失败不一定是它的终局。但是为了改进，互联网需要迅速成长，为它的行为承担责任。

科技的力量

在和迈克尔·波奇见面几周后，我和朋友到蓄电池俱乐部吃了一顿饭。菜单上没有Soylent①。我们吃了烤鱿鱼，喝了一瓶产自俄罗斯河谷的霞多丽古董酒。那里的服务、酒、本地产的有机食物、生态农场都是那么完美。我们被俱乐部里顺从的佣人似的员工当成贵族伺候着。这也没有什么令人惊讶的，毕竟设计蓄电池俱乐部的是肯·富尔克，那个策划了西恩·帕克千万美元的"指环王"梦幻婚礼、着迷于美化了两极分化社会的《唐顿庄园》电视剧的上层社会活动策划。[63]

午餐后，我们参观了蓄电池俱乐部不怎么神秘的扑克室以及铺着木地板、码着没读过的书、符合21世纪梦想家对19世

---

①　一家生产代餐的食品公司，深受硅谷程序员喜欢。——编者注

纪贵族俱乐部幻想的图书馆。蓄电池俱乐部应该有一张巨大的Instagram照片。"你好，这就是我们。"代表了一个超越了时间和空间的硅谷。半个世纪之前，利克莱德幻想人机共生会"拯救人类"。利克莱德一定没想到他的星级计算机网络最终会为建造旧金山市区的外星飞船提供资金。

克里斯蒂娅·弗里兰，《财阀》（*Plutocrats*）一书的作者，评论全球超级富豪崛起和其他人衰落话题的权威，对于富尔克等梦想家会被怀旧式的电视剧《唐顿庄园》吸引给出了有力的解释。她认为《唐顿庄园》其实是一部当代剧，因为"推动'唐顿庄园'故事发展的宏观经济、社会、政治变革和我们当下的时代有巨大的相似性"[65]。在当今这个永恒的创意破坏数字时代，弗里兰说，谷歌、优步、脸谱网等技术公司一方面使得马克·扎克伯格、特拉维斯·卡兰尼克等互联网财阀聚集大量个人资产成为可能；另一方面，也摧毁了帕姆·威瑟林顿这样，在无工会的亚马逊肯塔基州仓库工作、骨折后因为无法在仓库的水泥地上连续走几公里被开除的女工人的生活。

然而，弗里兰指出唐顿庄园和硅谷有一个重要的区别。"虽然奢华的生活方式让唐顿庄园的贵族看起来和我们20世纪的财阀有相似之处，但他们不是财阀。"弗里兰说，因为当下"技术贵族"拥有了"所有特权却没有什么传统价值观"，那些旧时代唐顿庄园贵族曾经拥有的观念[66]。因此，2014年的硅谷有着1914年的社会经济等级分化，却没有任何弗里兰称为"社会约束"的旧贵族精神。我们将唐顿庄园改装成了蓄电池俱乐部。我们有脱俗的仙境、价值 1.3 亿美元的游艇、足球场以及亿万身家的优步自由主义者，使唤身着黑衣的金发女郎和白领管家。我们有大量庸俗的财富和为数不多的社会责任感。我们有新的贵族，却没有任何贵族的责任。我们所拥有的绝不是对日益加深的经济社会不平等、21 世纪早期不公正的答案。

那么答案不可能仅仅来自政府管理。贵族责任毕竟不能成为立法。批评家吴修铭主张答案依赖于我们的新数字精英能够对工业革命依赖社会经济最大的分裂创伤负责。新精英的道德规范不应该另辟蹊径，而应该回归传统思维。富豪统治必须脚踏实地，而不是做什么"火人节""战神"的梦。"快速行动，破除陈规"是过去黑客的道德规范，"你打破，你拥有"应该成为新的道德规范。我们需要的不是什么"互联网权利宣言"，而是一个非正式的为网络社会每个人建立社会合约的新"责任宣言"。

硅谷一直对合作和对话非常着迷，然而我们真正需要合作的是就互联网对社会的影响进行对话。这个对话将对从数字时代的门外汉、朝不保夕族到硅谷亿万富翁的各个阶层都产生影响。在这个对话中，每个人都要对自己的线上行为承担责任，不论是对社交媒体的迷恋，还是匿名的残酷言论，或者对创意群体知识产权的不尊重。答案存在于威廉·鲍尔斯在《哈姆雷特的黑莓》（*Hamlet's Blackberry*）中指出的自我约束的责任中，《哈姆雷特的黑莓》是在数字时代建立美好生活极好的指南[67]。

"你只有一个身份。"马克·扎克伯格令人难忘地简化了人性条件的复杂性。在关于互联网的对话中，我们需要注意自己的身份通常是不一致的。例如，互联网对于消费者通常是非常好的，而对于公民来说则有各种问题。互联网福音传播者，特别是杰夫·贝佐斯等自由主义企业家，通常从满足消费者的角度看待一切。亚马逊确实令消费者感到满意，但是对于作为公民，越来越关注信息可靠性、话语文明性、尊重个人隐私的我们就远没有那么令人满意了。

这个对话需要发生在硅谷以及世界其他的数字权利中心。现在时机已经比较成熟了。越来越多有责任感的企业家、学者、投资人终于开始意识到他们信仰的能够令世界彻底变得更美好的互联网技术革命并非是全然成功的。红杉资本的迈克尔·莫里茨提醒我们小心数字时代日益增加的不平等。联合广场投资公司的弗雷德·威尔逊担心数字经济具有危害的新寡头们。纽约大学的克莱·舍基为记者们在没有纸质报纸世界中的悲剧命运感到忧虑。查尔斯·里德比特认为互联网已经迷失了。艾米丽·贝尔对我们的新媒体 1% 经济感到焦虑。马克·安德森非常关心匿名网络对公民生活的影响。麻省理工学院的伊桑·朱克曼担心互联网的"原罪"——互联网对免费广告支撑内容的依赖，已经令网络成为一个失败品。戴夫·温纳、阿斯特拉·泰勒、约翰·诺顿、丹·吉尔摩、欧姆·马利克、马修·英格拉姆等著名的博主、作家、记者，都很害怕谷歌、亚马逊、脸谱网等大型互联网公司的力量。杰夫·贾维斯对遍布网络的煽动者、暴力者、骚扰者、疯子、骗子以及混蛋感到恶心。

"我们在建立一个什么样的社会？"贾维斯问道[68]。这个问题应该是任何关于互联网讨论的开头。不管你喜欢不喜欢，数字社会正在以不可思议的速度重塑着我们的生活。工作、身份、隐私、繁荣、公正、文明的命运都正在被互联网社会改变。互联网或许不是答案，却无疑是21世纪上半叶的关键问题。在离开蓄电池俱乐部的路上，我看到了那些刻在黑色大理石板上的文字"人类塑造建筑，其后，建筑塑造人类"。外面的世界里，湾区正升起冰冷的雾霭。回到这个无名的城市，这个让人安心自我消除、自我创造的地方，我感觉很好。我哆嗦着躲过一些优步轿车，上了一辆有牌照的黄色出租。

"所以新俱乐部是什么样子的？"我坐在出租车上，从蓄电池俱乐部街向市场南区——那个当地经济正在被摧毁，推特、Yelp、Instagram等互联网公司新办公室集中的所在地飞驰，司机问道。

"很失败，"我回答道，"一个惊天大惨败。"

序 问题

1 *The Cult of the Amateur: How the Internet Is Killing Our Culture* (New York: Broadway, 2007), and *Digital Vertigo: How Today's Online Social Revolution Is Dividing, Diminishing, and Disorienting Us* (New York: St. Martin, 2012).

引言 数字时代的挑战

1 Carolyne Zinko, "New Private S.F. Club the Battery," *SFGate*, October 4, 2013.

2 Renee Frojo, "High-Society Tech Club Reborn in San Francisco," April 5, 2013.

3 The Battery describes itself on its website: "Indeed, here is where they came to refill their cups. To tell stories. To swap ideas. To eschew status but enjoy the company of those they respected. Here is where they came to feel at home on an evening out." For more, see: https://thebatterysf.com/club.

4 Liz Gannes, "Bebo Founders Go Analog with Exclusive Battery Club in San Francisco," All Things D, May 21, 2013.

5 Zinko, "New Private S.F. Club the Battery."

6 Ibid.

7 "A lie can travel half way around the world while the truth is putting

on its shoes," Twain originally said. See Alex Ayres, *Wit and Wisdom of Mark Twain: A Book of Quotations* (New York: Dover, 1999), p. 35.

8 Julie Zeveloff, "A Tech Entrepreneur Supposedly Spent $35 Million on San Francisco's Priciest House," *Business Insider*, April 16, 2013, www.businessinsider.com/trevor-traina-buys-san-francisco-mansion-2013-4?op=1.

9 Anisse Gross, "A New Private Club in San Francisco, and an Old Diversity Challenge," *New Yorker*, October 9, 2013.

10 Timothy Egan, "Dystopia by the Bay," *New York Times*, December 5, 2013.

11 David Runciman, "Politics or Technology—Which Will Save the World?," *Guardian*, May 23, 2014.

12 John Lanchester, "The Snowden Files: Why the British Public Should Be Worried About GCHQ," *Guardian*, October 3, 2013.

13 Thomas L. Friedman, "A Theory of Everything (Sort Of)," *New York Times*, August 13, 2011.

14 Saul Klein, "Memo to boards: the internet is staying", *Financial Times*, August 5, 2014

15 Mark Lilla, "The Truth About Our Libertarian Age," *New Republic*, June 17, 2014.

16 Craig Smith, "By the Numbers: 30 Amazing Reddit Statistics," expandedramblings.com, February 26, 2014.

17 Alexis Ohanian, *Without Their Permission: How The 21st Century Will Be Made Not Managed* (New York: Grand Central, 2013).

18 Alexis C. Madrigal, "It Wasn't Sunil Tripathi: The Anatomy of a Misinformation Disaster," *Atlantic*, April 2013.

19 Lilla, "The Truth About Our Libertarian Age."

20 Zeynep Tufekci, "Facebook and Engineering the Public," *Medium*, June 29, 2014.

21 Pew Research Center, "The Web at 25 in the US: The Overall Verdict: The Internet Has Been a Plus for Society and an Especially Good Thing for Individual Users."

22 Eash Chhabra, "Ubiquitous Across Globe, Cellphones Have Become Tool for Doing Good," *New York Times*, November 8, 2013.

23 Julia Angwin, "Has Privacy Become a Luxury Good?," *New York Times*, March 3, 2104.

24 Marshall McLuhan, *Understanding Media: The Extensions of Man* (Cambridge, MA: MIT Press, 1994), p. xi.

25 Ibid.

第一章 互联网简史

1 "Ericsson Mobility Report," 2013.

2 Mat Honan, "Don't Diss Cheap Smartphones. They're About to Change Everything," *Wired*, May 16, 2014.

3 Tim Worstall, "More People Have Mobile Phones Than Toilets," *Forbes*, March 23, 2013.

4 "More Than 50 Billion Connected Devices," Ericsson White Paper.

5 Michael Chui, Markus Loffler, and Roger Roberts, "The Internet of Things," *McKinsey Quarterly*, March 2010.

6 Matthieu Pelissie du Rausas, James Manyika, Eric Hazan, Jacques Burghin, Michael Chui, and Remi Said, "Internet Matters: The Net's Sweeping Impact on Growth, Jobs, and Prosperity," McKinsey, May 2011.

7 See: "Data Never Sleeps 2.0," infographic from the data company Domo, www.domo.com/learn/data-never-sleeps-2.

8 Clive Thompson, "Dark Hero of the Information Age: The Original Computer Geek," *New York Times*, March 20, 2005.

9 James Harkin, *Cyburbia: The Dangerous Idea That's Changing How We Live and Who We Are* (London: Little, Brown, 2009), p. 19.

10 John Naughton, *A Brief History of the Future: From Radio Days to Internet Years in a Lifetime* (Woodstock, NY: Overlook Press, 2000), p. 52.

11 Norbert Wiener, *Cybernetics: Or Control and Communication in the Animal and Machine* (Cambridge, MA: MIT Press,1948).

12 Harkin, *Cyburbia*, p. 22.

13 Vannevar Bush, "As We May Think," *Atlantic Monthly*, July 1945.

14 Naughton, *A Brief History of the Future*, p. 65.

15 "Science, The Endless Frontier," a Report to the President by Vannevar Bush, Director of the Office of Scientific Research and Development, July 1945.

16 Naughton, *A Brief History of the Future*, p. 70

17 Katie Hafner and Matthew Lyon, *Where Wizards Stay Up Late: The Origins of the Internet* (New York: Simon & Schuster, 2006), p. 34.

18 Ibid.

19 Ibid., p. 38

20 Paul Dickson, "Sputnik's Impact on America", PBS, November 6, 2007

21 Hafner and Lyon, *Where Wizards Stay Up Late*, p. 20

22 Ibid., p. 15.

23 Naughton, *A Brief History of the Future*, p. 95.

24 "I was driving one day to UCLA from RAND and couldn't find a single parking spot in all of UCLA nor the entire adjacent town of Westwood," Baran recalled. "At that instant I concluded that it was God's will that I should discontinue school. Why else would He have found it necessary to fill up all the parking lots at that exact instant?" Hafner and Lyon, *Where Wizards Stay Up Late*, p. 54.

25 Naughton, *Brief History of the Future*, p. 92.

26 Hafner and Lyon, *Where Wizards Stay Up Late*, p. 55.

27 Ibid., p. 56.

28 Johnny Ryan, *A History of the Internet and the Digital Future* (London: Reaktion Books, 2010), p. 22.

29 Ibid., p. 16.

30 Hafner and Lyon, *Where Wizards Stay Up Late*, pp. 41–42.

31 Ibid., p. 263.

32 Ryan, *A History of the Internet and the Digital Future*, p. 39.

33 Ibid., p. 249

34 Janet Abbate, *Inventing the Internet* (Cambridge, MA: MIT Press, 1999), p. 186.

35　Larry Downes and Chunka Mui, *Unleashing the Killer App: Digital Strategies for Market Dominance* (Boston: Harvard Business School Press, 1998).

36　Ibid.

37　Outlook Team, "The 41-Year History of Email," Mashable, September 20, 2012.

38　John Perry Barlow, "A Declaration of the Independence of Cyberspace," February 8, 1996.

39　David A. Kaplan, *The Silicon Boys and Their Valley of Dreams* (New York: Perennial, 2000), p. 229.

40　Naughton, *A Brief History of the Future*, p. 218.

41　Vannevar Bush, "As We May Think," *Atlantic Monthly*, July 1945.

42　Gary Wolf, "The Curse of Xanadu," *Wired*, June 1995.

43　Tim Berners-Lee, *Weaving the Web* (New York: HarperCollins, 1999), p. 5.

44　Ibid.

45　Ibid., p. 6.

46　Mariana Mazzucato, *The Entrepreneurial State: Debunking Public vs. Private Sector Myths* (London: Anthem Press, 2013), p. 105.

47　John Cassidy, *DOT.CON: The real Story of Why the Internet Bubble Burst* (Penguin, 2002), p 19

48　Naughton, *A Brief History of the Future*, ch. 15.

49　Ibid., p. 261.

第二章　金钱的走向

1　David Streitfeld, "Tom Perkins, Defender of the 1% Once Again," *New York Times*, February 14, 2014.

2　Peter Delevett, "Tom Perkins Apologizes for Holocaust Comments, but It's Hardly His First Controversy," *San Jose Mercury News*, February 14, 2014.

3　"Progressive Kristallnacht Coming?," Letters, *Wall Street Journal*, January 24, 2014.

4 Delevett, "Tom Perkins Apologizes for Holocaust Comments."

5 David Streitfeld and Malia Wollan, "Tech Rides Are Focus of Hostility in Bay Area," *New York Times*, January 31, 2014.

6 Tom Perkins, *Valley Boy: The Education of Tom Perkins* (New York: Gotham, 2007).

7 Ibid.

8 Jordan Weissmann, "Millionaire Apologizes for Comparing Progressives to Nazis, Says His Watch Is Worth a '6-Pack of Rolexes,'" *Atlantic*, January 27, 2014.

9 Brad Stone, *The Everything Store: Jeff Bezos and the Age of Amazon* (New York: Little, Brown, 2013), p. 12.

10 Berners-Lee was specifically responding to the University of Minnesota's spring 1993 decision to charge a licensing fee for its Gopher browser. See Tim Berners-Lee, *Weaving the Web* (San Francisco: HarperSanFrancisco, 1999), pp. 72–73.

11 John Cassidy, *Dot.Con: The Real Story of Why the Internet Bubble Burst* (London: Penguin, 2002).

12 Kaplan, *The Silicon Boys and Their Valley of Dreams*, pp. 157, 209. See also "John Doerr #23, The Midas List," *Forbes*, June 4, 2014.

13 Kevin Roose, "Go West, Young Bank Bro," *San Francisco*, February 21, 2014.

14 Cassidy, *Dot.Con*, p. 22.

15 Jim Clark, *Netscape Time: The Making of the Billion-Dollar Start-Up That Took on Microsoft* (New York: St. Martins Griffin, 2000), p. 34.

16 Ibid., p. 68.

17 Cassidy, *Dot.Con*, p. 63.

18 Kaplan, *The Silicon Boys and Their Valley of Dreams*, p. 243.

19 Clark, *Netscape Time*, p. 261.

20 Ibid., p. 251.

21 Ibid., p. 249.

22 Ibid., p. 119

23 Ibid., p. 67

24 Thomson Venture Economics, special tabulations, June 2003.

25 Nicholas Negroponte, *Being Digital* (New York: Random House, 1996).

26 Kevin Kelly, *New Rules for the New Economy* (New York: Penguin, 1997).

27 Kevin Kelly, *What Does Technology Want* (Viking, 2010)

28 Kelly, *New Rules for the New Economy*, p. 156.

29 Robert H. Frank and Philip J. Cook, *The Winner-Take-All Society: How More and More Americans Compete for Ever Fewer and Bigger Prizes, Encouraging Economic Waste, Income Inequality, and an Impoverished Cultural Life* (New York: Free Press, 1995).

30 Ibid., p. 47.

31 Ibid., p. 48.

32 "The Greatest Defunct Web Sites and Dotcom Disasters," CNET, June 5, 2008.

33 Cassidy, *Dot.con*, pp. 242–45.

34 Stone, *The Everything Store*, p. 48.

35 Ibid.

36 Fred Wilson, "Platform Monopolities," AVC.com, July 22, 2014.

37 Ibid.

38 Ibid.

39 Matthew Yglesias, "The Prophet of No Profit," *Slate*, January 30, 2014.

40 Stone, *The Everything Store*, pp. 181–82.

41 Ibid., p. 173.

42 Jeff Bercovici, "Amazon Vs. Book Publishers, by the Numbers," *Forbes*, February 10, 2014.

43 George Packer, "Cheap Words," *New Yorker*, February 17, 2014.

44 Steve Wasserman, "The Amazon Effect," *Nation*, May 29, 2012.

45 Sarah Butler, "Independent Bookshops in Decline as Buying Habits Change," *Guardian*, February 21, 2014.

46 Stone, *The Everything Store*, p. 243.

47 Ibid, p. 340.

48 Stacy Mitchell, "The Truth about Amazon and Job Creation," Institute for Local Self-Reliance, July 29, 2013, www.ilsr.org/amazonfacts.

49 Simon Head, "Worse than Wal-Mart: Amazon's Sick Brutality and Secret History of Ruthlessly Intimidating Workers," *Salon*, February 23, 2014.

50 Spencer Soper, "Amazon Warehouse Workers Fight for Unemployment Benefits," *Morning Call*, December 17, 2012.

51 Hal Bernton and Susan Kelleher, "Amazon Warehouse Jobs Push Workers to Physical Limit," *Seattle Times*, April 3, 2012.

52 Lara Stevens, "Amazon Vexed by Strikes in Germany," *New York Times*, June 19, 2013. See also Ollie John, "Amazon Fires 'Neo-Nazi' Security Firm at German Facilities," *Time*, February 19, 2013.

53 "Amazon workers face "increased risk of mental illness"", BBC Business News, November 20, 2013

54 Bernton and Kelleher, "Amazon Warehouse Jobs Push Workers to Physical Limit."

55 Ibid.

56 "Amazon's Power Play," Editorial Board, *New York Times*, June 3, 2014.

57 Yglesias, "The Prophet of No Profit."

58 Ryan, *A History of the Internet and the Digital Future*, p. 125.

59 "Yahoo! Still First Portal Call," BBC News, June 5, 1998.

60 Steven Levy, *In the Plex: How Google Thinks, Works, and Shapes Our Lives* (New York: Simon & Schuster, 2011), pp. 69–120.

61 Ryan, *A History of the Internet and the Digital Future*, p. 115.

62 Levy, *In the Plex*, p. 22.

63 Ibid.

64 Ibid.

65 Ibid., p. 32.

66 Ibid., p. 33.

67 Ibid., p. 73.

68 Ibid., p. 99.

69 Ibid., p. 93

70 Ibid.

71 "Google's Income Statement Information," https://investor.google.com/financial/tables.html. See also Seth Rosenblatt, "Google Demolishes Financial Expectations to Close 2013," CNET, January 30, 2014.

72 Danny Sullivan, "Google Still World's Most Popular Search Engine by Far, but Share of Unique Search Dips Slightly," SearchEngineLand, February 11, 2013.

73 Moises Naim, *The End of Power: From Boards to Battlegrounds and Churches to States, Why Being in Charge Isn't What It Used to Be* (New York: Basic Books, 2013).

74 Viktor Mayer-Schönberger and Kenneth Cukier, *Big Data: A Revolution That Will Transform How We Live, Work, and Think* (Boston: Houghton Mifflin, 2013), p. 113.

75 "What Is Web 2.0: Design Patterns and Business Models for the Next Generation of Software," O'Reilly.com, September 30, 2005.

76 Astra Taylor, *The People's Platform: Taking Back Power and Culture in the Digital Age* (New York: Metropolitan Books, 2014), p. 202.

77 Josh Constine, "The Data Factory—How Your Free Labor Lets Tech Giants Grow the Wealth Gap," *TechCrunch*, September 9, 2013, techcrunch.com/2013/09/09/the-data-factory/.

78 Anoushka Sakoul, "Concentrated Cash Pile Puts Recovery in Hands of the Few," *Financial Times*, January 22, 2014.

79 John Plender, "Apple, Google and Facebook Are Latter-Day Scrooges," *Financial Times*, December 29, 2013.

80 Ibid.

81 Ben Mezrich, *The Accidental Billionaires* (New York: Heinemann, 2009), pp. 62, 73, 74, 175.

82 Stephen Silberman, "The Geek Syndrome," *Wired*, September 2001.

83 Rebecca Savastio, "Facebook Founder Zuckerberg's Asperger's Problem," *Las Vegas Guardian*, September 5, 2013.

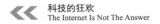

84 Nicholas Carlson, "Coping with Asperger's: A Survival Manual for Mark Zuckerberg," *Business Insider*, July 25, 2008

85 Austin Carr, "Facebook Everywhere," *Fast Company*, July/August 2014.

86 Felix Gillette, "The Rise and Inglorious Fall of MySpace," *BloombergBusinessweek*, June 22, 2011.

87 David Kirkpatrick, *The Facebook Effect: The Inside Story of the Company That is Connecting the World* (New York: Simon & Schuster), p. 16.

88 Carr, "Facebook Everywhere."

89 Kirkpatrick, *The Facebook Effect*, p. 305.

90 Carr, "Facebook Everywhere."

91 Kirkpatrick, *The Facebook Effect*, p. 316.

92 Ibid., p. 332.

93 Ibid., p. 313.

94 "Journal That Published Facebook Mood Study Expresses 'Concern' at Its Ethics," Associated Press, July 3, 2014

95 Kirkpatrick, *The Facebook Effect*, p. 314.

96 Charlie Warzel, "Your Next Phone Will Be the Ultimate Surveillance Machine," *Buzzfeed*, November 27, 2013.

97 Kirkpatrick, *The Facebook Effect*, p. 199.

98 Ibid., p. 210.

99 Matthew Sparkes, "Young Users See Facebook as 'Dead and Buried,'" *Daily Telegraph*, December 27, 2013.

100 Maria Konnikova, "How Facebook Makes Us Unhappy," *New Yorker*, September 10, 2013.

101 Charlie Warzel, "Americans Still Don't Trust Facebook with Their Privacy," *Buzzfeed*, April 3, 2014.

102 Alexandra Sifferlin, "Why Facebook Makes You Feel Bad About Yourself," *Time*, January 24, 2003.

103 Berners-Lee, *Weaving the Web*, p. 36.

104 Michael Sandel, *What Money Can't Buy: The Moral Limits of Markets* (New York: Farrar, Straus & Giroux, 2012), p. 5.

105 Evan Spiegel, LA Hacks Keynote Address, April 11, 2014.

106 Joseph A. Schumpeter, *Capitalism, Socialism and Democracy* (New York: Routledge, 2005), p. 83.

107 Marc Andreessen, "Why Bitcoin Matters," *New York Times*, January 21, 2014.

108 Ibid.

109 Colin Lecher, "How Did a $10 Potato Salad Kickstarter Raise More than $30,000?," *Verge*, July 7, 2014.

110 Sarah Eckel, "You Want Me to Give You Money for What?," *BBC Capital*, May 1, 2014.

111 Ryan Lawler, "Airbnb Tops 10 Million Guest Stays Since Launch, Now Has 550,000 Properties Listed Worldwide," *TechCrunch*, December 19, 2013.

112 Sydney Ember, "Airbnb's Huge Valuation," *New York Times*, April 21, 2014. See also Carolyn Said, "Airbnb's Swank Digs Reflect Growth, but Controversy Grows," *SFGate*, January 27, 2014.

113 Thomas L. Friedman, "And Now for a bit of Good News..." *New York Times*, July 19, 2014.

114 Will Oremus, "Silicon Valley Uber Alles," *Slate*, June 6, 2014.

115 See Dan Amira, "Uber Will Ferry Hampton-Goers Via Helicopter This July 3rd," *New York*, July 2013, nymag.com/daily/intelligencer/2013/07/uber-helicopter-uberchopper-hamptons-july-3rd.html.

116 Jessica Guynn, "San Francisco Split by Silicon Valley's Wealth," *Los Angeles Times*, August 14, 2013.

117 Paul Sloan, "Marc Andreessen: Predictions for 2012 (and Beyond)," CNET, December 19, 2011, news.cnet.com/8301-1023_3-57345138-93/marc-andreessen-predictions-for-2012-and-beyond/.

118 Mark Scott, "Traffic Snarls in Europe as Taxi Drivers Protest Against Uber," *New York Times*, June 11, 2014.

119 Kevin Roose, "Uber Might Be More Valuable than Facebook Someday. Here's Why," *New York*, December 6, 2013, nymag.com/daily/intelligencer/2013/12/uber-might-be-more-valuable-than-facebook.html.

120 Erin Griffith, "Meet the Uber Rich," *Fortune*, June 5, 2014.

第三章　人机之争

1　In his afterword to the 2000 edition of *Neuromancer*, the American science fiction writer Jack Womack speculated that the book might have inspired the creation of the World Wide Web. "What if the act of writing it down, in fact, *brought it about*," Womack wrote.

2　Michael Keene, "Rochester Crime Rates," Examiner.com, February 4, 2010. For more on Rochester's very high 2012 murder rate, see Karyn Bower, John Klofas, and Janelle Duda, "Homicide in Rochester, NY 2012: Comparison of Rates for a Selection of United States' and International Cities," Center of Public Initiatives, January 25, 2013.

3　Rory Carroll, "Silicon Valley's Culture of Failure . . . and the 'Walking Dead' It Leaves Behind," *Guardian*, June 28, 2014.

4　"How I Failed," Cultivate Conference, New York City, October 14, 2013, cultivatecon.com/cultivate2013/public/schedule/detail/31551.

5　"Fail Fast Advises LinkedIn Founder and Tech Investor Reid Hoffman," BBC, January 11, 2011.

6　"Failure: The F-Word Silicon Valley Loves and Hates," NPR.org, June 19, 2012, www.npr.org/2012/06/19/155005546/failure-the-f-word-silicon-valley-loves-and-hates.

7　Eric Markowitz, "Why Silicon Valley Loves Failure," *Inc.*, August 16, 2012, www.inc.com/eric-markowitz/brilliant-failures/why-silicon-valley-loves-failures.html/1.

8　*MIT Technology Review*, September/October 2013, www.technologyreview.com/magazine/2013/09/. The young entrepreneur featured on the cover was Ben Milne, the founder and CEO of a digital payments start-up called Dwolla, who, the magazine claimed, was seeking to "demolish" the finance industry. Milne seems to think of himself as a big-time demolisher. On his own Instagram page, for example, he posted a image saying: "MOVE FAST AND BREAK THINGS." instagram.com/p/epyqnEHQwg/.

9　David Wills, *Hollywood in Kodachrome* (New York: HarperCollins, 2013), p. xiii.

10　Ibid. Kodachrome film was also used to make eighty Oscar winners of the Best Picture award. See Rupert Neate, "Kodak Falls in the Creative Destruction of the Digital Age," *Guardian*, January 19, 2013, www.theguardian.com/business/2012/jan/19/kodak-bankruptcy-protection.

11 Ellen Gamerman, "I Snap Therefore I Am," *Wall Street Journal*, December 13, 2013.

12 Ibid.

13 John Naughton, "Could Kodak's Demise Have Been Averted?," *Guardian*, January 21, 2012.

14 Jason Farago, "Our Kodak Moments—and Creativity—Are Gone," *Guardian*, August 23, 2013, www.theguardian.com/commentisfree/2013/aug/23/photography-photography.

15 Nick Brown, "US Judge Approves Kodak Plan to Exit Bankruptcy," Reuters, August 20, 2013, www.reuters.com/article/2013/08/20/us-kodak-idUSBRE97J0W820130820.

16 Julie Creswell, "Kodak's Fuzzy Future," *New York Times*, May 3, 2013, dealbook.nytimes.com/2013/05/03/after-bankruptcy-a-leaner-kodak-faces-an-uphill-battle/.

17 Derek Thompson, "What Jobs Will the Robots Take?," *Atlantic*, January 23, 2014.

18 Daniel Akst, "Automation Anxiety," *Wilson Quarterly*, Summer 2013.

19 "Coming to an Office Near You . . ." *Economist*, January 18, 2014.

20 Martin Wolf, "If Robots Divide us, They Will Conquer," *Financial Times*, February 4, 2014.

21 Tim Harford, "The Robots Are Coming and Will Terminate Your Jobs," *Financial Times*, December 28–29, 2013.

22 Ibid.

23 Nicholas Carr, *The Big Switch: Rewiring the World, from Edison to Google* (New York: Norton, 2008), p. 113.

24 Nicholas Carr, *The Glass Cage: Automation and Us* (New York: Norton, 2014), p. 198.

25 Carole Cadwalladr, "Are the robots about to rise? Google's new director of engineering thinks so . . ." *Guardian*, February 22, 2014.

26 Samuel Gibbs, "What Is Boston Dynamics and Why Does Google Want Robots?," *Guardian*, December 17, 2013.

27 Lorraine Luk, "Foxconn Working with Google on Robotics," *Wall Street Journal*, February 11, 2014.

28 Dan Rowinski, "Google's Game of Moneyball in the Age of Artificial Intelligence," ReadWrite.com, January 29, 2014.

29 Chunka Mui, "Google Car + Uber = Killer App," *Forbes*, August 23, 2013.

30 395,000 at UPS (www.pressroom.ups.com/Fact+Sheets/UPS+Fact+Sheet) and 300,000 at FedEx (about.van.fedex.com/company-information)

31 Claire Cain Miller, "FedEx's Price Rise Is a Blessing in Disguise for Amazon," *New York Times*, May 9, 2014.

32 David Streitfeld, "Amazon Floats the Notion of Delivery Drones," *New York Times*, December 1, 2013.

33 Charles Arthur, "Amazon Seeks US Permission to Test Prime Air Delivery Drones," *Guardian*, July 11, 2014.

34 Katie Lobosco, "Army of Robots to Invade Amazon Warehouse," *CNNMoney*, May 22, 2014.

35 George Packer, "Cheap Words," *New Yorker*, February 17, 2014.

36 "John Naughton, Why Facebook and Google Are Buying into Drones," *Observer*, April 19, 2014.

37 Reed Albergotti, "Zuckerberg, Musk Invest in Artificial-Intelligence Company," *Wall Street Journal*, March 21, 2014.

38 Ibid.

39 Emily Young, "Davos 2014: Google's Schmidt Warning on Jobs," BBC, January 23, 2014.

40 Carl Benedikt Frey and Michael A. Osborne, "The Future of Employment: How Susceptible Are Jobs to Computerization?" Oxford Martin Programme on the Impacts of Future Technology, September 17, 2013, www.oxfordmartin.ox.ac.uk/downloads/academic/The_Future_of_Employment.pdf.

41 Derek Thompson, "What Jobs Will the Robots Take?," *Atlantic*, January 23, 2014.

42 Ibid.

43 Erik Larson, "Kodak Reorganization Approval Affirms Move from Cameras," Bloomberg, August 21, 2013, www.bloomberg.com/news/2013-08-20/kodak-bankruptcy-reorganization-plan-approved-by-new-york.html.

44 "Kodak, Smaller and Redirected, Leaves Bankruptcy," Associated Press, September 3, 2013.

45 Julie Creswell, "Kodak's Fuzzy Future," *New York Times*, May 3, 2013, dealbook.nytimes.com/2013/05/03/after-bankruptcy-a-leaner-kodak-faces-an-uphill-battle/.

46 For a helpful timeline of Kodak's 2013 emergence from bankruptcy, see "Key Events in the History of Eastman Kodak Company," *Wall Street Journal*, September 3, 2013, www.nytimes.com/2013/09/04/business/kodak-smaller-and-redirected-leaves-bankruptcy.html?ref=eastmankodakcompany&_r=0&pagewanted=print; online.wsj.com/article/AP6b640447eb8a41418c01e4110720d4e4.html.

47 Erik Larson, "Kodak Reorganization Approval Affirms Move From Cameras," Bloomberg, August 21, 2013, www.bloomberg.com/news/2013-08-20/kodak-bankruptcy-reorganization-plan-approved-by-new-york.html.

48 For an introduction to the Eastman House collection see *Photography from 1839 to Today: George Eastman House, Rochester NY* (London: Taschen, 1999).

49 Greg Narain, "The New Kodak Moment: Why Storytelling Is Harder than Ever," Briansolis.com, November 21, 2013.

50 Andrew Keen, *The Cult of the Amateur: How Today's internet Is Killing Our Culture* (New York: Currency/Doubleday, 2007), p. 115.

51 Ibid.

52 Neate, "Kodak Falls in the Creative Destruction of the Digital Age."

53 Ibid. The comment was made by Robert Burley, a professor of photography at Ryerson University in Toronto, whose work on the collapse of film photography, *The Disappearance of Darkness*, was show at the National Gallery of Canada in late 2013. www.gallery.ca/en/see/exhibitions/upcoming/details/robert-burley-disappearance-of-darkness-5324.

54 John Naughton, "Could Kodak's Demise Have Been Averted?," *Observer*, January 21, 2012, www.theguardian.com/technology/2012/jan/22/john-naughton-kodak-lessons.

55 Clayton Christensen, *The Innovator's Dilemma: The Revolutionary Book That Will Change the Way You Do Business* (New York: Harper Business, 2011). For an introduction to Christensen's ideas, see my TechCrunchTV interview with him. "Keen On . . . Clay Christensen: How to Escape the Innovator's Dilemma," April 2, 2012, techcrunch.com/2012/04/02/keen-on-clay-christensen-how-to-escape-the-innovators-dilemma-tctv/. For a more critical view on the cult of Christensen, see Jill Lepore, "The Disruption Machine," *New Yorker*, June 23, 2014.

56 "The Last Kodak Moment?" *Economist*, January 14, 2012. www.economist.com/node/21542796/print.

57 Stone, *The Everything Store*, p. 348

58 Joshua Cooper Ramo, *The Age of the Unthinkable: Why the New World Disorder Constantly Surprises Us and What We Can Do About It* (New York: Bay Back Books, 2010).

59 Paul F. Nunes and Larry Downes, "Big Bang Disruption: The Innovator's Disaster," *Outlook*, June 2013, www.accenture.com/us-en/outlook/Pages/outlook-journal-2013-big-bang-disruption-innovators-disaster.aspx.

60 Larry Downes and Paul F. Nunes, "Big-Bang Disruption," *Harvard Business Review*, March 2013, hbr.org/2013/03/big-bang-disruption/.

61 Ibid.

62 Larry Downes and Paul Nunes, *Big Bang Disruption: Strategy in the Age of Devastating Innovation* (New York: Portfolio/Penguin, 2014), p. 193.

63 Jason Farago, "Our Kodak Moments—and Creativity—Are Gone," *Guardian*, August 23, 2013, www.theguardian.com/commentisfree/2013/aug/23/photography-photography.

64 George Packer, "Celebrating Inequality," *New York Times*, May 19, 2013.

65 Ibid.

66 "The Onrushing Wave," *Economist*, January 18, 2014, p. 25.

67 Josh Constine, "The Data Factory – How Your Free Labor Lets Tech Giants Grow The Wealth Gap," Techcrunch, September 9, 2013.

68 David Brooks, "Capitalism for the Masses," *New York Times*, February 20, 2014.

69 Ibid.

70 George Packer, "No Death, No Taxes: The Libertarian Futurism of a Silicon Valley Billionaire," *New Yorker*, November 28, 2011.

71 Ibid.

72 Ibid.

73 Robert M. Solow, "We'd Better Watch Out," *New York Times* Book Review, July 12, 1987.

74 Timothy Noah, *The Great Divergence: America's Growing Inequality Crisis and What We Can Do About It* (New York: Bloomsbury, 2012), p. 7.

75 Eduardo Porter, "Tech Leaps, Job Losses and Rising Inequality," *New York Times*, April 15, 2014.

76 Loukas Karabarbounis and Brent Neiman, "The Global Decline of Labor Share," *Quarterly Journal of Economics* (2014).

77 Thomas B. Edsall, "The Downward Ramp," *New York Times*, June 10, 2014.

78 Tyler Cowen, *Average Is Over: Powering America Beyond the Age of the Great Stagnation* (New York: Dutton, 2013), p. 53.

79 Ibid., p. 229.

80 Ibid., pp. 198–200.

81 Joel Kotkin, "California's New Feudalism Benefits a Few at the Expense of the Multitude," *Daily Beast*, October 5, 2013.

82 "Paul Krugman, Sympathy for the Luddites," *New York Times*, June 13, 2013, www.nytimes.com/2013/06/14/opinion/krugman-sympathy-for-the-luddites.html?_r=0&pagewanted=print.

第四章 个人革命

1 Kara Swisher, "The Money Shot," *Vanity Fair*, June 2013.

2 Steve Bertoni, "The Stanford Billionaire Machine Strikes Again," *Forbes*, August 1, 2013.

3 Ibid.

4 Swisher, "The Money Shot."

5 Systrom denies that there was a bidding war between Facebook and Twitter. But, according to Nick Bilton, the author of the bestselling *Hatching Twitter* (New York: Portfolio, 2013), there was one. See Nick Bilton, "Instagram Testimony Doesn't Add Up," *New York Times*, December 16, 2012, bits.blogs.nytimes.com/2012/12/16/disruptions-instagram-testimony-doesnt-add-up-2/?_r=1.

6 Emil Protalinski, "Thanksgiving Breaks Instagram records: Over 10M Photos Shared at a Rate of up to 226 per Second," Next Web, November 23, 2012, thenextweb.com/facebook/2012/11/23/instagram-sees-new-record-during-thanksgiving-over-10m-photos-shared-at-a-rate-of-226-per-second/.

7 Emil Protalinski, "Instagram Says Thanksgiving 2013 Was Its Busiest Day So Far, but Fails to Share Exact Figures," Next Web, November 29, 2013.

8 Ingrid Lunden, "73% of U.S. Adults Use Social Networks, Pinterest Passes Twitter in Popularity, Facebook Stays on Top," *TechCrunch*, December 31, 2013.

9 Sarah Perez, "An App 'Middle Class' Continues to Grow: Independently Owned Apps with a Million-Plus Users Up 121% Over Past 18 Months," *TechCrunch*, November 8, 2013.

10 Ingrid Lunden, "Instagram Is the Fastest-Growing Social Site Globally, Mobile Devices Rule Over PCs for Access," *TechCrunch*, January 21, 2014, techcrunch.com/2014/01/21/instagram-is-the-fastest-growing-social-site-globally-mobile-devices-rule-over-pcs-for-social-access/.

11 See, for example, Ellis Hamburger, "Instagram Announces Instagram Direct for Private Photo, Video and Text Messaging," *Verge*, December 12, 2013.

12 Alex Williams, "The Agony of Instagram," *New York Times*, December 13, 2013.

13 Sarah Nicole Prickett, "Where the Grass Looks Greener," *New York Times*, November 17, 2013.

14 Ibid.

15 Williams, "The Agony of Instagram."

16 Tim Wu, "Sign of the Times: The Intimacy of Anonymity", *The New York Times*, June 3, 2014

17 Teddy Wayne, "Of Myself I Sing", *The New York Times*, Augsut 24, 2014

18 *Time*, December 25, 2006.

19 Packer, "Celebrating Inequality."

20 See, for example, Jean Twenge and W. Keith Campbell, *The Narcissism Epidemic: Living in the Age of Entitlement* (New York: Free Press, 2009) and Elias Aboujaoude, *Virtually You* (New York: Norton, 2011).

21 David Brooks, "High-Five Nation," *New York Times*, September 15, 2009.

22 Parmy Olson, "Teenagers Say Goodbye to Facebook and Hello to Messenger Apps," *Observer*, November 9, 2013.

23 Keen, *Digital Vertigo*, p. 12.

24 Malkani, *Financial Times*, December 28, 2013.

25 Charles Blow, "The Self(ie) Generation," *New York Times*, March 7, 2014.

26 James Franco, "The Meaning of the Selfie," *New York Times*, December 26, 2013, www.nytimes.com/2013/12/29/arts/the-meanings-of-the-selfie.html.

27 Sophie Heawood, "The Selfies at Funerals Tumblr Tells Us a Lot About Death," Vice.com, November 1, 2013.

28 Stacy Lambe, "14 Grindr Profile Pics Taken at the Holocaust Memorial," *Buzzfeed*, January 31, 2013.

29 Craig Detweiler, "'Auschwitz Selfies' and Crying into the Digital Wilderness," CNN, July 22, 2014.

30 Stuart Heritage, "Selfies of 2013—the Best, Worst and Most Revealing," *Guardian*, December 22, 2013.

31 Rachel Maresca, "James Franco Allegedly Attempts to Meet Up with 17-Year-Old Girl via Instagram: report," New York *Daily News*, April 3, 2014.

32 Ibid.

33 "Selfie is Oxford Dictionaries' word of the year," *Guardian*, November 18, 2013, www.theguardian.com/books/2013/nov/19/selfie-word-of-the-year-oed-olinguito-twerk/print.

34 This number is from the research advisory firm mobileYouth. See Olson, "Teenagers Say Goodbye to Facebook and Hello to Messenger Apps." Interestingly, the mobileYouth research shows that the proportion of selfies on Snapchat is even higher than 50%.

35 Steven Johnson is perhaps the most relentlessly optimistic of Web believers. See, for example, his latest book: *Future Perfect: The Case for Progress in a Networked Age* (New York: Riverhead, 2012).

36 Tom Standage, *Writing on the Wall: Social Media the First 2,000 Years* (New York: Bloomsbury, 2013).

37 Ibid., epilogue, pp. 240–51.

38 Williams, "The Agony of Instagram."

39 Rhiannon Lucy Coslett and Holly Baxter, "Smug Shots and Selfies: The Rise of Internet Self-Obsession," *Guardian*, December 6, 2013.

40 Nicholas Carr, "Is Google Making Us Stupid," *Atlantic*, July/August 2008. Also see Nicholas Carr, *The Shallows: What the Internet Is Doing to Our Brains* (New York; Norton, 2011).

41 Eli Pariser, *The Filter Bubble: What the Internet is Hiding From You* (Penguin, 2011). See also my June 2011 TechCrunchTV interview with Eli Pariser: Andrew Keen, "Keen On . . . Eli Pariser: Have Progressives Lost Faith In The Internet," *TechCrunch*, June 15, 2011, techcrunch.com/2011/06/15/keen-on-eli-pariser-have-progressives-lost-faith-in-the-internet-tctv/.

42 Claire Carter, "Global Village of Technology a Myth as Study Shows Most Online Communication Limited to 100-Mile Radius," BBC, December 18, 2013.

43 Josh Constine, "The Data Factory – How Your Free Labor Lets Tech Giants Grow The Wealth Gap", Techcrunch, 2013

44 Derek Thompson, "Google's CEO: 'The Laws Are Written by Lobbyists,'" *Atlantic*, October 1, 2010.

45 James Surowiecki, "Gross Domestic Freebie," *New Yorker*, November 25, 2013.

46　Monica Anderson, "At Newspapers, Photographers Feel the Brunt of Job Cuts," Pew Research Center, November 11, 2013.

47　Robert Reich, "Robert Reich: WhatsApp Is Everything Wrong with the U.S. Economy," *Slate*, February 22, 2014.

48　Alyson Shontell, "Meet the 20 Employees Behind Snapchat," *Business Insider*, November 15, 2013, www.businessinsider.com/snapchat-early-and-first-employees-2013-11?op=1.

49　Douglas Macmillan, Juro Osawa and Telis Demos, "Alibaba in Talks to Invest in Snapchat", *The Wall Street Journal*, July 30, 2014

50　Mike Isaac, "We Still Don't Know Snapchat's Magic User Number," All Things D, November 24, 2013.

51　Josh Constine, "The Data Factory—How Your Free Labor Lets Tech Giants Grow the Wealth Gap," *TechCrunch*, September 9, 2013.

52　Alice E. Marwick, *Status Update: Celebrity, Publicity and Branding in the Social Media Age* (New Haven, CT: Yale University Press, 2013). See chapter 3: "The Fabulous Lives of Micro Celebrities."

53　Surowiecki "Gross Domestic Freebie."

54　Amanda Holpuch, "Instagram Reassures Users over Terms of Service After Massive Outcry," *Guardian*, December 18, 2013.

55　The American Society of Media Photographers (ASMP), "The Instagram Papers," Executive Summary, July 25, 2013, p. 3.

56　Ethan Zuckerman, The Internet's Original Sin", *The Atlantic*, August 14, 2014

57　Annie Leonard, "Facebook Made My Teenager into an Ad. What Parent Would Ever 'Like' That?," *Guardian*, February 15, 2014.

58　Caroline Danile and Maija Palmer, "Google's Goal to Organize Your Daily Life," *Financial Times*, May 23, 2007.

59　Derek Thompson, "Google's CEO: The Laws Are Written by Lobbyists", *The Atlantic*, October 1, 2010

60　Amir Efrati, "Google Beat Facebook for DeepMind, Creates Ethics," *The Information*, January 26, 2014.

61　Jaron Lanier, *Who Owns the Future?* (New York: Simon & Schuster, 2013), p. 366.

第五章　丰盛的灾难

1 Kunal Dutta, "The Revolution That Killed Soho's Record Shops," *Independent*, May 12, 2010.

2 Annie O'Shea, "Oasis (What's the Story) Morning Glory?" Radio Nova, January 14, 2014, www.nova.ie/albums/oasis-whats-the-story-morning-glory-3/.

3 Philip Beeching, "Why Companies Fail—the Rise and Fall of HMV," Philipbeeching.com, August 6, 2012.

4 Alexander Wolfe, "Digital Pennies from Analog Dollars Are Web Content Conundrum," *InformationWeek*, March 12, 2008.

5 David Carr, "Free Music, at Least While It Lasts," *New York Times*, June 8, 2014.

6 Grant Gross, "Pirate Sites Draw Huge Traffic," *Computerworld*, January 1, 2013.

7 "NetNames Piracy Analysis: Sizing the Piracy Universe 3," September 2013.

8 IFPI Digital Music Report, 2011, "Music at the Touch of a Button," p. 14.

9 OFCOM, online copyright infringement tracker benchmark study, Q3 2012, November 20, 2012.

10 David Goldman, "Music's Lost Decade: Sales Cut in Half in 2000s," *CNN Money*, February 3, 2010.

11 Derek Thompson, "Why Would Anybody Ever Buy Another Song?" *Atlantic*, March 17, 2014.

12 Thair Shaikh, "HMV Closes Historic Oxford Street Store," *Independent*, January 14, 2014.

13 Dave Lee, "'Netflix for Piracy' Popcorn Time Saved by Fans," BBC News, March 17, 2014.

14 Andrew Stewart, "Number of Frequent Young Moviegoers Plummets in 2013," *Variety*, March 25, 2014.

15 IFPI Digital Music Report, 2011, p. 5.

16 TERA Consultants, "Building a Digital Economy: The Importance of Saving Jobs in the EU's Creative Industries," International Chamber of Commerce/BASCAP, March 2010.

17 "45% Fewer Professional Working Musicians Since 2002," *Trichordist*, May 21, 2013.

18 For a summary of the corrosive impact of piracy on the creative industries, see my white paper "Profiting from Free: The Scourge of Online Piracy and How Industry Can Help" (ICOMP, October 2013). Some of the research from my white paper has also been deployed in this book.

19 Ananth Baliga, "Pirate Websites Roped in $227 Million in Ad Revenues in 2013," UPI, February 18, 2014.

20 Duncan Grieve, "Kim Dotcom: 'I'm Not a Pirate, I'm an Innovator,'" *Guardian*, January 14, 2014.

21 Robert Levine, *Free Ride: How Digital Parasites Are Destroying the Culture Business and How the Culture Business Can Fight Back* (New York: Doubleday, 2011), p. 4.

22 Ibid., p. 13.

23 "Know Your Rights on Social Media—Legal Considerations and More," American Society of Media Photographers, 2013.

24 "Understanding the Role of Search in Online Piracy," Millward Brown Digital, September 2013.

25 "comScore Releases March 2014 U.S. Search Engine Rankings," comScore.com, April 15, 2014.

26 "comScore Releases '2013 UK Digital Future in Focus Report,'" comScore.com, February 14, 2013.

27 Josh Holiday, "Google Pledge to Downgrade Piracy Sites Under Review," *Guardian*, November 5, 2012.

28 See Glenn Peoples, "RIAA Report Criticizes Google's Efforts to Limit Infringing Search Results," *Billboard*, February 21, 2013. Also Glenn Peoples, "Business Matters: MP3 Stores Harder to Find as Google Search Removal Requests Accumulate," *Billboard*, February 4, 2013.

29 Andrew Albanese, "Artists and Photographers Sue Over Google Book Search," *Publishers Weekly*, April 7, 2010.

30 Erik Kirschbaum, "Merkel criticizes Google for copyright infringement", Reuters, October 10, 2009

31 Stuart Dredge and Dominic Rushe, "YouTube to Block Indie Labels Who Don't Sign Up to New Music Service," *Guardian*, June 17, 2014.

32 Leslie Kaufman, "Chasing Their Star, on YouTube," *New York Times*, February 1, 2014.

33 Jason Calacanis, "I Ain't Gonna Work on YouTube's Farm No More," Launch, June 2, 2013.

34 David Carr, "Free Music, at Least While It Lasts," *New York Times*, June 8, 2014.

35 Michael Wolff, "New Cash, New Questions for Business Insider," *USA Today*, March 16, 2014.

36 Levine, *Free Ride*, p. 4.

Ibid., p. 113

37 Ibid.

38 Henry Mance, "Trust-Fund Newspaper? Not Us," *Financial Times*, March 7, 2014. See also Ravi Somaiya, "Guardian to Make Management Changes," *New York Times*, March 6, 2014.

39 Lucia Moses, "The Guardian's Robot Newspaper Comes to the U.S.," *Digiday*, April 13, 2014.

40 Tom Kutsch, "The Blurred Lines of Native Advertising," Al Jazeera America, March 8, 2014.

41 Alan D. Mutter, "The Newspaper Crisis, by the Numbers," Newsosaur.blogspot.com, July 16, 2014.

42 Monica Anderson, "At Newspapers, Photographers Feel the Brunt of Job Cuts," Pew Research Center, November 11, 2013.

43 Lawrie Zion, "New Beats: Where Do Redundant Journalists Go?," TheConversation.com, December 1, 2013.

44 Rachel Bartlett, "A Quarter of Spanish Journalists Made Redundant Since the Recession, Suggests Report," Journalism.co.uk, December 15, 2010.

45 Andres Cala, "Spain's Economic Crisis Has an Unexpected Victim: Journalism," *Christian Science Monitor*, February 28, 2013.

46 Clay Shirky, "Last Call: The end of the printed newspaper", Medium.com, August 21, 2014

47 Rory Carroll, "Silicon Valley's Culture of Failure . . . and 'the Walking Dead' It Leaves Behind," *Guardian*, June 28, 2014.

48 Alyson Shontell, "$4 Billion Is The New $1 Billion In Startups," *Business Insider*, November 13, 2013.

49 Joshua Brustein, "Spotify Hits 10 Million Paid Users. Now Can It Make Money?," *BloombergBusinessweek*, May 21, 2014.

50 David Byrne, "The Internet Will Suck All Creative Content out of the World," *Guardian*, October 11, 2013.

51 Charles Arthur, "Thom Yorke Blasts Spotify on Twitter as He Pulls His Music," *Guardian*, July 15, 2013.

52 Paul Resnikoff, "16 Artists That Are Now Speaking Out Against Streaming," *Digital Music News*, February 2, 2013.

53 Ellen Shipley, "My Song Was Played 3.1 Million Times on Pandora. My Check Was $39," *Digital Music News*, July 29, 2013.

54 David Carr, "A New Model for Music: Big Bands, Big Brands," *New York Times*, March 16, 2014.

55 Ibid.

56 Ibid.

57 TERA Consultants, "Building a Digital Economy: The Importance of Saving Jobs in the EU's Creative Industries," International Chamber of Commerce/BASCAP, March 2010.

第六章　1% 经济

1 European Observatory on Infringements of Intellectual Property Rights, "Intellectual Property Rights Intensive Industries: Contribution to Economic Performance and Employment in the European Union," September 2013, p. 6.

2 Motion Picture Association of America, "2011 Economic Contribution of the Motion Picture and Television Industry to the United States."

3 Michael Cass, "Commerce Secretary Gives Music Row Some Good News," *Tennessean*, August 7, 2013.

4 Keen, *The Cult of the Amateur*, p. 113

5 Packer, "Celebrating Inequality."

6 Heather Havrilesky, "794 Ways in Which Buzzfeed Reminds Us of Impending Death", *The New York Times*, July 3, 2014

7 Anita Elberse, *Blockbusters: Hit-Making, Risk-Taking and the Big Business of Entertainment* (New York: Henry Holt, 2013), p. 11.

8 Robert H. Frank, "Winners Take All, but Can't We Still Dream?" *New York Times*, February 22, 2014.

9 Ibid., p. 160.

10 "The Death of the Long Tail," MusicIndustryBlog, March 4, 2014.

11 Helienne Lindvall, "The 1 Percent: Income Inequality Has Never Been Worse Among Touring Musicians," *Guardian*, July 5, 2013.

12 John Gapper, "The Superstar Still Reigns Supreme over Publishing," *Financial Times*, July 17, 2013.

13 Alison Flood, "Most Writers Earn Less than £600 a Year, Survey Reveals," *Guardian*, January 17, 2014.

14 Colin Robinson, "The Loneliness of the Long-Distance Reader," *New York Times*, January 4, 2014.

15 Amanda Ripley, *The Smartest Kids in the World* (New York: Simon & Schuster, 2013), pp. 169–70.

16 Tamar Lewin, "Professors at San Jose State Criticize Online Courses," *New York Times*, May 2, 2013.

17 Ki Mae Heussner, "'Star' Coursera Prof Stops Teaching Online Course in Objection to MOOCs," GigaOm, September 3, 2013.

18 William Deresiewicz, *Excellent Sheep: The Miseducation of the American Elite* (New York: Simon & Schuster, 2014), p. 186.

19 Jessica McKenzie, "More Evidence That MOOCs Are Not Great Equalizers," Techpresident.com, March 17, 2014.

20 Emily Bell, "Journalists Are on the Move in America—and Creating a New Vitality," *Guardian*, November 17, 2013.

21 Riva Gold, "Newsroom Diversity: A Casualty of Journalism's Financial Crisis," *Atlantic*, July 2013.

22 Emily Bell, "Journalism Startups Aren't a Revolution if They're Filled with All These White Men," *Guardian*, March 12, 2014.

23 Suzanne Moore, "In the Digital Economy, We'll Soon All Be working for Free—and I Refuse," *Guardian*, June 5, 2013.

24 Kim Kreider, "Slaves of the Internet, Unite!," *New York Times*, October 26, 2013.

25 Alina Simone, "The End of Quiet Music," *New York Times*, September 25, 2013.

26 Joe Pompeo, "The Huffington Post, nine years on," CapitalNewYork.com, May 8, 2014.

27 Ibid.

28 Mathew Ingram, "The Unfortunate Fact Is That Online Journalism Can't Survive Without a Wealthy Benefactor or Cat GIFs," GigaOm, September 22, 2013.

29 Julie Bosman, "To Stay Afloat, Bookstores Turn to Web Donors," *New York Times*, August 11, 2013.

30 Teddy Wayne, "Clicking Their Way to Outrage," *New York Times*, July 3, 2014.

31 Ben Dirs, "Why Stan Collymore's Treatment on Twitter Is Not Fair Game," BBC Sport, January 23, 2014.

32 Raphael Minder, "Fans in Spain Reveal Their Prejudices, and Social Media Fuels the Hostilities," *New York Times*, May 22, 2014.

33 Jeff Jarvis, "What society are we building here?" BuzzMachine, August 14, 2014

34 Farhad Manjoo, "Web Trolls Winning as Incivility Increases", The New York Times, August 14, 2014

35 ibid

36 Amanda Hess, "Why Women Aren't Welcome on the Internet," Pacific Standard, January 6, 2014.

37 Simon Hattenstone, "Caroline Criado-Perez: 'Twitter has enabled people to behave in a way they wouldn't face to face," *Guardian*, August 4, 2013. For Twitter's lack of response, see Jon Russell, "Twitter UK Chief Responds to Abuse Concerns after Campaigner Is deluged with Rape Threats," The Next Web, July 27, 2013.

38 "Blog death threats spark debate," BBC News,

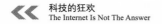
39 Deborah Fallows, "How Women and Men Use the Internet," Pew Internet and American Life Project, December 28, 2005.

40 Stuart Jeffries, "How the web lost its way—and its founding principles," The Guardian, August 24, 2014

41 Alex Hern, "'We need the Mary Beard prize for women online', author claims," *The Guardian*, August 7, 2014

42 Seth Stephens-Davidowitz, "The Data of Hate," *New York Times*, July 12, 2014.

43 Emily Bazelton, "The Online Avengers," *New York Times Magazine*, January 15, 2014.

44 Jon Henley, "Ask.fm: Is There a Way to Make It Safe?" *Guardian*, August 6, 2013.

45 Lizette Alvarez, "Felony Counts for 2 in Suicide of Bullied 12-Year-Old," *New York Times*, October 15, 2013.

46 Ben Wedeman, "Facebook May Face Prosecution over Bullied Teenager's Suicide in Italy," CNN, July 31, 2013.

47 Schumpeter, Anonymous social networking: Secrets and Lies", *The Economist*, March 22, 2014

48 David Gardner, "Tribes and sects rule as the old order crumbles", The Financial Times, July 31, 2014

49 Sam Jones, "Jihad by Social Media," *Financial Times*, March 28, 2014.

50 Rod Nordland, "Iraq's Sunni Militants Take to Social Media to Advance Their Cause and Intimidate," *New York Times*, June 28, 2014.

51 Shiv Malik and Michael Safi, "Revealed: The Radical Clerics Using Social Media to Back British Jihadists in Syria," *Guardian*, April 15, 2014.

52 Harriet Sherwood, "Israel and Hamas Clash on Social Media," *Guardian*, July 16, 2014.

53 Lisa Chow, "Top Reviewers on Amazon Get Tons of Free Stuff," NPR, *Planet Money*, October 29, 2013.

54 David Streitfeld, "Give Yourself 5 Stars? Online, It Might Cost You," *New York Times*, September 22, 2013.

55 Charles Arthur, "How Low-Paid Workers at 'Click Farms' Create Appearance of Online Popularity," *Guardian*, August 2, 2014.

56 Tim Wu, "Little Lies the Internet Told Me," *New Yorker*, April 17, 2014.

57 Pippa Stephens, "Trust Your Doctor, Not Wikipedia, Say Scientists," BBC Health News, May 27, 2014.

58 Tom Simonite, "The Decline of Wikipedia," *MIT Technology Review*, October 22, 2013.

59 Ibid.

60 Anne Perkins, "Whose truth is Wikipedia guarding?" *The Guardian*, August 7, 2014

61 James R. Hagerty and Kate Linebaugh, "Next 3-D Frontier: Printed Plane Parts," *Wall Street Journal*, July 14, 2012.

62 Stuart Dredge, "30 Things Being 3D Printed Right Now (and None of Them Are Guns)," *Guardian*, January 29, 2014.

63 Chris Anderson, *Makers: The New Industrial Revolution* (New York: Crown, 2012), p. 12.

64 Eliza Brooke, "Why 3D Printing Will Work In Fashion," *TechCrunch*, July 20, 2013.

65 Alice Fisher, "3D-Printed Fashion: Off the Printer, Rather than off the Peg," *Guardian*, October 12, 2013.

66 Rebecca Hiscott, "Will 3D Printing Upend Fashion Like Napster Crippled the Music Industry?," Mashable, March 3, 2014.

67 "Monetise Me: Selfies, Social and Selling," Contagious, May 19, 2014.

68 Alex Hudson, "Is Digital Piracy Possible on Any Object?," BBC News, December 8, 2013.

69 Paul Krugman, "Sympathy for the Luddites," *New York Times*, June 18, 2013.

70 Chris Myant, "Reuben Falber: Key Figure in British Communism," *Independent*, May 31, 2006.

第七章　透明人

1 Noam Cohen, "Borges and the Foreseeable Future," *New York Times*, January 6, 2008.

2 Victor Sebestyen, *Revolution 1989: The Fall of the Soviet Empire* (New York: Pantheon 2009), p. 121.

3 Ibid.

4 Anna Funder, *Stasiland* (London: Granta, 2003), p. 57.

5 Viktor Mayer-Schönberger and Kenneth Cukier, *Big Data: A Revolution That Will Transform How We Live, Work and Think* (Boston: Houghton-Mifflin, 2013), p. 150.

6 Andrew Keen, "Opinion: Beware Creepy Facebook," CNN, February 3, 2012.

7 Ibid.

8 Karin Matussek, "Google Fined 145,000 Euros Over Wi-Fi Data Collection in Germany," Bloomberg News, April 22, 2013.

9 Robert Booth, "Facebook Reveals News Feed Experiment to Control Emotions," *Guardian*, June 29, 2014.

10 Natasha Lomas, "Facebook's Creepy Data-Grabbing Ways Make It the Borg of the Digital World," *TechCrunch*, June 24, 2013.

11 Patrick Kingsley, "Julian Assange Tells Students That the Web Is the Greatest Spying Machine Ever," *Guardian*, March 15, 2011.

12 Charles Arthur, "European Watchdogs Order Google to Rewrite Privacy Policy or Face Legal Action," *Guardian*, July 5, 2013.

13 Claire Cain Miller, "Google Accused of Wiretapping in Gmail Scans," *New York Times*, October 1, 2013.

14 Las Vaas, "Google Sued for Data-Mining Student Email," Naked Security, March 18, 2014.

15 Stefan Wolle, *Die heile Welt der Diktatur*, pp 186

16 "The NSA's Secret Spy Hub in Berlin," *Spiegel Online*, October 27, 2013

17 Ian Traynor and Paul Lewis, "Merkel Compared NSA to Stasi in Heated Encounter with Obama," *Guardian*, December 17, 2013.

18 Duncan Campbell, Cahal Milmo, Kim Gengupta, Nigel Morris, and Tony Patterson, "Revealed: Britain's 'Secret Listening Post in the Heart of Berlin,'" *Independent*, November 5, 2013.

19 David Sellinger, "Big Data: Getting Read for the 2013 Big Bang,"

Forbes, January 15, 2013. See also Ase Dragland, "Big Data, for Better or Worse: 90% of World's Data Generated over the Last Two Years," SINTEF.com.

20 Patrick Tucker, "Has Big Data Made Anonymity Impossible?," *MIT Technology Review*, May 7, 2013.

21 Tim Bradshaw, "Wearable Devices Pump Up the Technology," *Financial Times*, January 7, 2014.

22 "Where to Wear Your Technology? Torso to Toe," *Wall Street Journal*, January 7, 2014.

23 Michael Chertoff, "Google Glass, the Beginning of Wearable Surveillance," CNN, May 1, 2013.

24 Claire Cain Miller, "Privacy Officials Worldwide Press Google About Glass," *New York Times*, June 19, 2013.

25 Tucker, "Has Big Data Made Anonymity Impossible?"

26 Neil McAllister, "You THINK You're Watching Your LG Smart TV—but It's WATCHING YOU, Baby," *Register*, November 20, 2013.

27 Chris Bryant and Henry Foy, "VW Chief Warns over Big Brother Vehicle Data," *Financial Times*, March 10, 2014.

28 Ibid.

29 Holman W. Jenkins Jr., "When Your Car Is Spying on You," *Wall Street Journal*, August 31, 2013.

30 Brandon Bailey, "Google's Working on a Phone That Maps Your Physical Surroundings," *San Jose Mercury News*, February 21, 2014.

31 Berners-Lee, *Weaving the Web*, p. 123.

32 Dan Gillmor, "The Real CES Takeaway: Soon We'll Be Even More Connected and Have Even Less Privacy," *Guardian*, January 10, 2014.

33 Bryant and Foy "VW Chief Warns over Big Brother Vehicle Data."

34 Sophie Gadd, "Five Things I've Learned from Being at the Heart of a Twitter Storm," *Guardian*, December 19, 2013.

35 Ibid.

36 Daniel Bates, "I Am Ashamed," *MailOnline*, December 22, 2013.

37 Gadd, "Five Things I've Learned."

38 Simon Sebag Montefiore, *Potemkin: Catherine the Great's Imperial Partner* (New York: Vintage, 2005), p. 299.

39 John Dinwiddy, *Bentham* (Oxford: Oxford University Press, 1989).

40 Ibid., p. 109.

41 Parmy Olson, "The Quantified Other: Nest and Fitbit Chase a Lucrative Side Business," *Forbes*, April 17, 2014.

42 Meglena Kuneva, Keynote Speech, "Roundtable on Online Data Collection, Targeting and Profiling," Brussels, March 31, 2009.

43 Dan Gillmor, "Is the Internet Now Just One Big Human Experiment?," *Guardian*, July 29, 2014

44 Zeynap Tufekci, "Facebook & Engineering the Public", Medium, June 29, 2014

45 Christopher Caldwell, "OkCupid's venal experiment is a poisoned arrow," *The Financial Times*, August 1, 2014

46 Vanessa Thorpe, "Google Defends Listing Extremist Websites in Its Search Results," *Guardian*, May 25, 2014.

47 "Who Should We Fear More with Our Data: The Government or Companies?," *Guardian*, January 20, 2014.

48 Charlie Savage, Edward Wyatt, Peter Baker and Michael D. Shear, "Surveillance Leaks Likely to Restart Debate on Privacy," *New York Times*, June 7, 2013.

49 John Naughton, "Edward Snowden's Not the Story. The Fate of the Internet Is," *Observer*, July 27, 2013.

50 Ibid.

51 James Risen and Nick Wingfield, "Web's Reach Binds N.S.A. and Silicon Valley Leaders," *New York Times*, June 19, 2013.

52 Michael Hirsh, "Silicon Valley Doesn't Just Help the Surveillance State—It Built It," *Atlantic*, June 10, 2013.

53 Claire Cain Miller, "Tech Companies Concede to Surveillance Program," *New York Times*, June 7, 2014.

54 David Firestone, "Twitter's Surveillance Resistance," *New York Times*, June 10, 2013.

55 Sue Halpern, "Partial Disclosure", *The New York Review of Books*, July 10, 2014

56 Andy Greenberg and Ryan Mac, "How a 'Deviant" Philosopher Built Palantir, a CIA-Funded Data-Mining Juggernaut", For*bes*, August 14, 2013

57 Ibid

58 Ashlee Vance and Brad Stone, "Palantir, the War on Terror's Secret Weapon," Bloomberg Businessweek, November 22, 2011

59 Robert Cookson, "Internet Launches Fightback Against State Snoopers," *Financial Times*, August 23, 2013.

60 This letter was sent by AOL, Facebook, LinkedIn, Google, Apple, Microsoft, Twitter, and Yahoo. See https://www.reformgovernment-surveillance.com/.

61 "Silicon Valley's Bad Breakup with the NSA," Bloomberg, December 11, 2013.

62 Bruce Schneier, "The Public-Private Surveillance Partnership," Bloomberg, July 31, 2013.

63 Daniel Etherington, "Google Patents Tiny Cameras Embedded in Contact Lenses," *TechCrunch*, April 13, 2014

64 James Robinson, "*Time* Magazine Shows Just How Creepy Smart Homes Really Are," *Pando Daily*, July 7, 2014.

65 Quentin Hardy, "How Urban Anonymity Disappears When All Data Is Tracked," *New York Times*, April 22, 2014.

66 Ibid.

第八章 深渊坠落

1 This remains the FailCon credo. See thefailcon.com/about.html.

2 Jessi Hempel, "Hey, Taxi Company, You Talkin' to Me?," *CNN Money*, September 23, 2013, money.cnn.com/2013/09/19/magazines/fortune/uber-kalanick.pr.fortune/.

3 On Kalanick's Ayn Rand fetish, see Paul Carr, "Travis Shrugged: The Creepy, Dangerous Ideology Behind Silicon Valley's Cult of Disruption," *Pando Daily*, October 24, 2012, pandodaily.com/2012/10/24/travis-shrugged/.

4 Julie Zauzmer and Lori Aratani, "Man Visiting D.C. Says Uber Driver Took Him on Wild Ride," *Washington Post*, July 9, 2014.

5 Olivia Nuzzi, "Uber's Biggest Problem Isn't Surge Pricing. What If It's Sexual Harassment by Drivers?," *Daily Beast*, March 28, 2014.

6 These 2013 revenue numbers were leaked to the online publication *Valleywag* in December 2013. See Nitasha Tiku, "Leaked: Uber's Internal Revenue and Ride Request Numbers," *Valleywag*, December 4, 2013, valleywag.gawker.com/matt-durham-an-analyst-at-an-ecom-merce-company-crunche-1476549437.

7 See, for example, Ryan Lawler, "Uber Prepares for Another Fight with DC Regulators," *TechCrunch*, May 17, 2013, techcrunch.com/2013/05/17/uber-prepares-for-another-fight-with-dc-regulators/. See also Jeff John Roberts, "Cabbies Sue to Drive Car Service Uber out of San Francisco," GigaOm, November 14, 2012, gigaom.com/2012/11/14/cabbies-sue-to-drive-car-service-uber-out-of-san-francisco/.

8 Salvador Rodriguez, "Uber Claims Its Cars Attacked by Cab Drivers in France," *Los Angeles Times*, January 13, 2014.

9 David Streitfeld, "Rough Patch for Uber's Challenge to Taxis," *New York Times*, January 26, 2014.

10 Paul Sloan, "Marc Andreessen: Predictions for 2012 (and Beyond)," CNET, December 19, 2011, news.cnet.com/8301-1023_3-57345138-93/marc-andreessen-predictions-for-2012-and-beyond/.

11 Jordan Novet, "Confirmed: Uber Driver Killed San Francisco Girl in Accident," *VentureBeat*, January 2, 2014.

12 Michael Hiltzik, "Uber Upholds Capitalism, (Possibly) Learns Downside of Price Gouging," *Los Angeles Times*, December 16, 2013.

13 "Uber's Snow Storm Surge Pricing Gouged New Yorkers Big Time," *Gothamist*, December 16, 2013

14 Aly Weisman, "Jerry Seinfeld's Wife Spent $415 During Uber's Surge Pricing to Make Sure Her Kid Got to a Sleepover," *Business Insider*, December 16, 2013.

15 Airbnb's investigation by US tax authorities is well documented. See, for example, April Dembosky, "US Taxman Peers into Holiday Rental Sites," *Financial Times*, May 29, 2011; Brian R. Fitzgerald and Erica Orden, "Airbnb Gets Subpoena for User Data in New York,"

Wall Street Journal, October 7, 2013; and Elizabeth A. Harris, "The Airbnb Economy in New York: Lucrative but Often Unlawful," *New York Times*, November 4, 2013.

16 Alexia Tsotsis, "TaskRabbit Gets $13M from Founders Fund and Others to 'Revolutionize the World's Labor Force,'" *TechCrunch*, July 23, 2012.

17 Brad Stone, "My Life as a TaskRabbit," *BloombergBusinessweek*, September 13, 2012.

18 Sarah Jaffe, "Silicon Valley's Gig Economy Is Not the Future of Word—It's Driving Down Wages," *Guardian*, July 23, 2014.

19 Guy Standing, The Precariat: The New Dangerous Class (Bloomsbury Academic, 2001)

20 Natasha Singer, "In the Sharing Economy, Workers Find Both Freedom and Uncertainty," The *New York Times*, August 16, 2014

21 George Packer, "Changing the World," *New Yorker*, May 27, 2013, www.newyorker.com/reporting/2013/05/27/130527fa_fact_packer. For my TechCrunchTV interview with Packer about his *New Yorker* piece, see "Keen On . . . How We Need to Scale Down Our Self Regard and Grow Up," *TechCrunch*, June 19, 2013, techcrunch.com/2013/06/19/keen-on-silicon-valley-how-we-need-to-scale-down-our-self-regard-and-grow-up/.

22 For a video of Kalanick's FailCon speech, see www.youtube.com/watch?v=2QrX5jsiico.

23 See invitation to FailChat: https://culturesfirststeps.eventbrite.com/.

24 Stephen E. Siwek, "The True Cost of Sound Recording Piracy," Institute of Policy Research, August 21, 2007. See executive summary: www.ipi.org/ipi_issues/detail/the-true-cost-of-sound-recording-piracy-to-the-us-economy.

25 IFPI Digital Music Report, 2011, "Music at the Touch of a Button," www.ifpi.org/content/library/dmr2011.pdf, p. 15.

26 Ibid.

27 See, for example, Ellen Huet, "Rideshare Drivers' Unexpected Perk: Networking," *San Francisco Chronicle*, December 29, 2013.

28 Gideon Lewis-Kraus, "No Exit: Struggling to Survive a Modern Gold Rush," 2014.

29 Jessica Guynn, "San Francisco Split by Silicon Valley's Wealth," *Los Angeles Times*, August 14, 2013.

30 Rebecca Solnit, "Google Invades," *London Review of Books*, February 7, 2013.

31 Michael Winter and Alistair Barr, "Protesters Vandalize Google Bus, Block Apple Shuttle," *USA Today*, December 20, 2013.

32 Alexei Oreskovic and Sarah McBride, "Latest Perk on Google Buses: Security Guards," Reuters, January 16, 2014.

33 Tom Perkins, "Progressive Kristallnacht Coming?," letters to the editor, *Wall Street Journal*, January 24, 2014.

34 Nick Wingfield, "Seattle Gets Its Own Tech Bus Protest," *New York Times*, February 10, 2014.

35 Packer, "Change the World."

36 Ibid.

37 Guynn, "San Francisco Split by Silicon Valley's Wealth."

38 Stephanie Gleason and Rachel Feintzeig, "Startups Are Quick to Fire," *New York Times*, December 12, 2013.

39 See, for example, Eric Ries, *The Lean Startup: How Today's Entrepreneurs Use Continuous Innovation to Create Radically Successful Businesses* (New York: Crown, 2011).

40 Quentin Hardy, "Technology Workers Are Young (Really Young)," *New York Times*, July 5, 2013.

41 Vivek Wadhwa, "A Code Name for Sexism and Racism," *Wall Street Journal*, October 7, 2013.

42 Jon Terbush, "The Tech Industry's Sexism Problem Is Only Getting Worse," *Week*, September 12, 2013.

43 Jessica Guynn, "Sexism a Problem in Silicon Valley, Critics Say," *Los Angeles Times*, October 24, 2013.

44 Terbush, "The Tech Industry's Sexism Problem Is Only Getting Worse."

45 Elissa Shevinsky, "That's It—I'm Finished Defending Sexism in Tech," *Business Insider*, September 9, 2013.

46 Max Taves, "Bias Claims Surge Against Tech Industry," *Recorder*, August 16, 2013.

47 Colleen Taylor, "Key Details of the Kleiner Perkins Gender Discrimination Lawsuit," *TechCrunch*, May 22, 2012

48 Alan Berube, "All Cities Are Not Created Unequal," Brookings Institution, February 20, 2014.

49 Timothy Egan, "Dystopia by the Bay," *New York Times*, December 5, 2013.

50 Marissa Lagos, "San Francisco Evictions Surge, Reports Find," *San Francisco Chronicle*, November 5, 2013.

51 Carolyn Said, "Airbnb Profits Prompted S.F. Eviction, Ex-Tenant Says," *San Francisco Chronicle*, January 22, 2014.

52 Ibid.

53 Casy Miner, "In a Divided San Francisco, Private Tech Buses Drive Tension," NPR.org, December 17, 2013.

54 Andrew Gumbel, "San Francisco's Guerrilla Protest at Google Buses Wells into Revolt," *Observer*, January 25, 2014.

55 Carmel DeAmicis, "BREAKING: Protesters Attack Google Bus in West Oakland," *Pando Daily*, December 20, 2013.

56 Robin Wilkey, "Peter Shih '10 Things I Hate About You' Post Draws San Francisco's Ire, Confirms Startup Stereotypes," *Huffington Post*, August 16, 2013.

57 Jose Fitzgerald, "Real Tech Worker Says SF Homeless 'Grotesque,' 'Degenerate,' 'Trash,'" *San Francisco Bay Guardian*, December 11, 2013.

58 Yasha Levine, "Occupy Wall Street Leader Now Works for Google, Wants to Crowdfund a Private Militia," *Pando Daily*, February 7, 2014.

59 J. R. Hennessy, "The Tech Utopia Nobody Wants: Why the World Nerds Are Creating Will Be Awful," *Guardian*, July 21, 2014.

60 Krissy Clark, "What Did the Tech CEO Say to the Worker He Wanted to Automate?," Marketplace.org, August 28, 2013.

61 Solnit, "Google Invades."

62 Justine Sharrock, "How San Francisco Tech Companies Justify Their Tax Breaks," *Buzzfeed*, October 8, 2013.

63 Sam Biddle, "This Asshole Misses the Shutdown," *Valleywag*, October 17, 2013.

64 Max Read, "Oakland Residents Are Crowdfunding a Private Police Force," *Valleywag*, October 4, 2013.

65 Lisa Fernandez, "Facebook Will Be First Private Company in U.S. to Pay for Full-Time Beat Cop," NBCBayArea.com, March 5, 2014.

66 Geoffrey A. Fowler and Brenda Cronin, "Freelancers Get Jobs Via Web Services," *Wall Street Journal*, May 29, 2013.

67 Greg Kumparak, "Larry Page Wants Earth To Have A Mad Scientist Island," *TechCrunch*, May 2015.

68 Sean Gallagher, "Larry Page Wants You to Stop Worrying and Let Him Fix the World," Ars Technica, May 20, 2013.

69 "What is Burning Man," burningman.com/whatisburningman.

70 Nick Bilton, "A Line Is Drawn in the Desert", *The New York Times*, August 20, 2014

71 Kevin Roose, "The Government Shutdown Has Revealed Silicon Valley's Dysfunctional Fetish," *New York*, October 16, 2013.

72 Chris Anderson, "Elon Musk's Mission to Mars," *Wired*, October 21, 2010.

73 Peter Delevett, "Tech Investor Tim Draper Launches 'Six Californias' Ballot Measure to Divide the Golden State," *San Jose Mercury News*, December 23, 2013.

74 Aaron Kinney, "Martins Beach: Lawmaker Proposes Eminent Domain for Access on Khosla's Property," *San Jose Mercury News*, February 6, 2014.

75 Bill Wasik, "Silicon Valley Needs to Lose the Arrogance or Risk Destruction," *Wired*, February 2, 2014.

76 Chris Baker, "Live Free or Down: Floating Utopias on the Cheap," *Wired*, January 19, 2009.

77 Egan, "Dystopia by the Bay."

78 Alex Hern, "Google Execs Saved Millions on Private Jet Flights Using Cheaper Nasa Fuel," *Guardian*, December 12, 2013.

79 Paul Goldberger, "Exclusive Preview: Google's New Build-from-Scratch Googleplex," *Vanity Fair*, February 22, 2013.

80 Allen Martin, "Google Launches Private SF Bay Ferry Service to Shuttle Workers," CBS Local News, January 7, 2014.

81 Philop Matier and Andrew Ross, "Google barge mystery unfurled, SFGate, November 8, 2013

82 Tony Romm, "Senate Investigators: Apple Sheltered $44 Billion from Taxes," *Politico*, May 20, 2103.

83 Bob Duggan, "Are Tech Giants' Offices the Cathedrals of the Future?," BigThink.com, December 12, 2013.

84 Thomas Schulz, "From Apple to Amazon: The New Monuments to Digital Domination", Spiegel Online, November 29, 2013

85 Brandon Bailey, "Mark Buys Four Houses Near His Palo Alto Home," *San Jose Mercury News*, October 11, 2013.

86 Allison Arieff, "What Tech Hasn't Learned From Urban Planning," *New York Times*, December 13, 2013.

87 Charlotte Allen, "Silicon Chasm: The Class Divide on America's Cutting Edge," *Weekly Standard*, December 2, 2013.

88 Tom Foremski, "Fortune Asks 'Why Does American Hate Silicon Valley?,'" *Silicon Valley Watcher*, October 4, 2013.

结语 答案

1 Thomas Friedman, "The Square People, Part One," *New York Times*, May 13, 2014. See also "The Square People, Part Two," *New York Times*, May 17, 2014.

2 Edward Luce, "America Must Dump Its Disrupters in 2014," *Financial Times*, December 22, 2014.

3 Nick Cohen, "Beware the Lure of Mark Zuckerberg's Cool Capitalism," *Observer*, March 30, 2013.

4 Fred Turner, *From Counterculture to Cyberculture*, (University of Chicago Press, 2008)

5 For more on Apple, Steve Jobs, and Foxconn, see my TechCrunchTV interview with Mike Daisey, who starred in the Broadway hit *The Agony*

and Ecstasy of Steve Jobs: "Apple and Foxconn, TechCrunchTV, February 1, 2011.

6 Lyn Stuart Parramore, "What Does Apple Really Owe Taxpayers? A Lot, Actually," Reuters, June 18, 2013.

7 Jo Confino, "How Technology Has Stopped Evolution and Is Destroying the World," *Guardian*, July 11, 2013.

8 Alexis C. Madrigal, "Camp Grounded, 'Digital Detox,' and the Age of Techno-Anxiety," *Atlantic*, July 2013.

9 Oliver Burkman, "Conscious Computing: How to Take Control of Our Life Online," *Guardian*, May 10, 2013.

10 Jemima Kiss, "An Online Magna Carta: Berners-Lee Calls for Bill of Rights for Web," *Guardian*, March 11, 2014.

11 "Bitcloud Developers Plan to Decentralize Internet," BBC Technology News, January 23, 2014.

12 Suzanne Labarre, "Why We're Shutting Off Our Comments," *Popular Science*, September 24, 2013; Elizabeth Landers, "*Huffington Post* to Ban Anonymous Comments," CNN, August 22, 2013.

13 "Data Protection: Angela Merkel Proposes Europe Network," BBC News, February 15, 2014.

14 Philip Oltermann, "Germany 'May Revert to Typewriters' to Counter Hi-Tech Espionage," *Guardian*, July 15, 2014.

15 Lanier, *Who Owns the Future?*, p. 263.

16 John Gapper, "Bitcoin Needs to Grow out of Its Obsessive Adolescence," *Financial Times*, March 12, 2014. See also new.livestream.com/theNYPL/businessasusual.

17 David Byrne, "The NSA Is Burning Down the Web, but What if We Rebuilt a Spy-Proof Internet?," *Guardian*, March 24, 2014.

18 On the impracticality of this law, see, for example, this rather self-serving piece by Google's legal czar David Drummond: "We Need to Talk About the Right to Be Forgotten," *Guardian*, July 10, 2014.

19 Roger Cohen, "The Past in our Future," *New York Times*, November 27, 2013.

20 Jonathan Freedland, "From Memory to Sexuality, the Digital Age Is Changing Us Completely," *Guardian*, June 21, 2013.

21　Mark Lilla, "The Truth About Our Libertarian Age," *New Republic*, June 17, 2014.

22　Ibid.

23　Douglas Rushkoff, *Present Shock: When Everything Happens Now* (New York: Current, 2014), p. 9.

24　Mic Wright, "Is 'Shadow' the Creepiest Startup Ever? No, CIA Investment Palantir Owns That Crown," *Telegraph*, September 21, 2013.

25　Cass R. Sunstein, *Why Nudge: The Politics of Libertarian Paternalism* (New Haven, CT: Yale University Press, 2014), p. 116.

26　Cohen, "Beware the Lure of Mark Zuckerberg's Cool Capitalism."

27　www.europarl.europa.eu/ep_products/poster_invitation.pdf.

28　John Naughton, "Amazon's History Should Teach Us to Beware 'Friendly' Internet Giants," *Guardian*, February 22, 2014.

29　Richard Sennett, "Real Progressives Believe in Breaking Up Google," *Financial Times*, June 28, 2013.

30　Ibid.

31　Rebecca Solnit, "Who Will Stop Google?," *Salon*, June 25, 2013.

32　Philip Oltermann, "Google Is Building Up a Digital Superstate, Says German Media Boss," *Guardian*, April 16, 2014.

33　Mathew Ingram, "Giants Behaving Badly. Google, Facebook and Amazon Show Us the Downside of Monopolies and Black-Box Algorithms," GigaOm, May 23, 2014.

34　Polly Toynbee, "Snowden's Revelations Must Not Blind Us to Government as a Force for Good," *Guardian*, June 10, 2013.

35　Simon Bowers and Rajeev Syal, "MP on Google Tax Avoidance Scheme: 'I Think That You Do Evil,'" *Guardian*, May 16, 2013.

36　Marc Rotenberg, "Put Teeth in Google Privacy Fines," CNN, April 29, 2013.

37　Alex Hern, "Italy Gives Google 18 Months to Comply with European Privacy Regulations," *Guardian*, July 22, 2014.

38　"When Will the Justice Department Take On Amazon?," *Nation*, July 16, 2014.

39 Ingrid Lunden, "More Woe for Amazon in Germany as Antitrust Watchdog Investigates Its 3rd Party Pricing Practices," *TechCrunch*, October 21, 2013.

40 "Amazon Sued by US Regulators over Child In-App Purchases," BBC Business News, July 10, 2014.

41 Brad Stone, "Amazon May Get Its First Labor Union in the U.S.," *BloombergBusinessweek*, December 17, 2013.

42 David Streitfeld and Melissa Eddy, "As Publishers Fight Amazon, Books Vanish," *New York Times*, May 23, 2014.

43 Stone, *The Everything Store*, p. 340.

44 Marcus Wohlsen, "Why the Sun Is Setting on the Wild West of Ride-Sharing," *Wired*, August 2, 2013.

45 April Dembosky and Tim Bradshaw, "Start-ups: Shareholder Societies," *Financial Times*, August 7, 2013.

46 Ben Popper, "Uber Agrees to New National Policy That Will Limit Surge Pricing During Emergencies," *Verge*, July 8, 2014.

47 Chris Welch, "Airbnb Hosts Must Install Smoke and Carbon Monoxide Detectors by End of 2014," *Verge*, February 21, 2014.

48 Eric T. Schneiderman, "Taming the Digital Wild West," *New York Times*, April 22, 2014.

49 Carolyn Said, "S.F. Ballot Would Severely Limit Short-Term Rentals," *SFGate*, April 29, 2014.

50 Cale Guthrie Weissman, "Working Families Party Joins the Anti-Airbnb Brigade," *Pando Daily*, May 2, 2014.

51 Kevin Collier, "Philadelphia Jumps the Gun, Bans 3-D-Printed Guns," *Daily Dot*, November 22, 2013.

52 John Sunyer, "No Comment?," *Financial Times*, May 24, 2014.

53 Associated Press, "'Revenge Porn' Outlawed in California," *Guardian*, October 1, 2013.

54 Pamela Druckerman, "The French Do Buy Books. Real Books," *New York Times*, July 9, 2014.

55 Andrew Wallenstein, "Cable Operator Pitching TV Industry on Plan to Convert Illegal Downloads to Legal Transaction Opportunities," *Variety*, August 5, 2013, variety.com/2013/digital/

news/comcast-developing-anti-piracy-alternative-to-six-strikes-exclusive-1200572790/.

56 "Recording industry welcomes support by payment providers to tackle illegal online sale of unlicensed music," International Federation of the Phonographic Industry, March 2, 2011, www.ifpi.org/content/section_news/20110302.html.

57 Bill Rosenblatt, "Ad Networks Adopt Notice-and-Takedown for Ads on Pirate Sites," Copyright and Technology Blog, July 21, 2013, copyrightandtechnology.com/category/economics/.

58 Victoria Espinel, "Coming Together to Combat Online Piracy and Counterfeiting," Whitehouse.gov, July 15, 2013.

59 Kyle Alspach, "Steve Case: Silicon Valley Has Wrong Mindset for Next Internet Revolution," *Techflash*, October 10, 2013.

60 Mariana Mazzucato, *The Entrepreneurial State: Debunking Public vs. Private Sector Myths* (London: Anthem, 2013), p. 105.

61 Joseph Schumpeter, "The Entrepreneurial State," *Economist*, August 31, 2013.

62 Michael Ignatieff, "We Need a New Bismarck to Tame the Machines," *Financial Times, February* 11, 2014.

63 Catherine Bigelow, "An Honor for Danielle Steel and a Downton for All," *SFGate*, January 9, 2014.

64 Chrystia Freeland, *Plutocrats: The Rise of the New Global Super-Rich and the Fall of Everyone Else* (New York: Penguin, 2012).

65 Chrystia Freeland, "Sympathy for the Toffs," *New York Times*, January 24, 2014.

66 Ibid.

67 William Powers, *Hamlet's BlackBerry: A Practical Philosophy For Building A Good Life In The Digital Age* (HarperCollins, 2010)

68 Jeff Jarvis, "What Society Are We Building Here?" Buzzmachine, August 14, 2014